30 Minuten

Mental Load meistern

Dr. Maria Bergler

Externe Links wurden bis zum Zeitpunkt der Drucklegung des Buches geprüft. Auf etwaige Änderungen zu einem späteren Zeitpunkt hat der Verlag keinen Einfluss. Eine Haftung des Verlags ist daher ausgeschlossen.

Bibliografische Information der Deutschen Nationalbibliothek. Die Deutsche Nationalbibliothek verzeichnet diese Publikation in der Deutschen Nationalbibliografie; detaillierte bibliografische Daten sind im Internet über http://dnb.d-nb.de abrufbar.

ISBN 978-3-96739-213-5

Umschlaggestaltung: Zerosoft, Timisoara (Rumänien)
Umschlagkonzept: Buddelschiff, Stuttgart | www.buddelschiff.de
Lektorat: Silke Martin, Kriftel
Autorinnenfoto: Anija Schlichenmaier
Satz und Layout: Zerosoft, Timisoara (Rumänien)
Druck und Bindung: Salzland Druck, Staßfurt

Ein Hinweis zu gendergerechter Sprache: Die Entscheidung, in welcher Form alle Geschlechter angesprochen werden, obliegt den jeweiligen Verfassenden.

Wir drucken in Deutschland.

www.gabal-verlag.de
www.gabal-magazin.de
www.twitter.com/gabalbuecher
www.facebook.com/gabalbuecher
www.instagram.com/gabalbuecher

PEFC
PEFC/04-31-2251

PEFC-zertifiziert
Dieses Produkt stammt aus nachhaltig bewirtschafteten Wäldern und kontrollierten Quellen
www.pefc.de

ÖKOLOGISCHE VERANTWORTUNG

Wir übernehmen Verantwortung! Ökologisch und sozial!

- Verzicht auf Plastik: kein Einschweißen der Bücher in Folie
- Nachhaltige Produktion: Verwendung von Papier aus nachhaltig bewirtschafteten Wäldern, PEFC-zertifiziert
- Stärkung des Wirtschaftsstandorts Deutschland: Herstellung und Druck in Deutschland

Wissen auf den Punkt gebracht

Dieses Buch ist so konzipiert, dass Sie in kurzer Zeit prägnante und fundierte Informationen aufnehmen können. Mithilfe eines Leitsystems werden Sie durch das Buch geführt. Es erlaubt Ihnen, innerhalb Ihres persönlichen Zeitkontingents (von 10 bis 30 Minuten) das Wesentliche zu erfassen.

Kurze Lesezeit

In 30 Minuten können Sie das ganze Buch lesen. Wenn Sie weniger Zeit haben, lesen Sie gezielt nur die Stellen, die für Sie wichtige Informationen beinhalten.

- Schlüsselfragen mit Seitenverweisen zu Beginn eines jeden Kapitels erlauben eine schnelle Orientierung: Sie blättern direkt zu dem Thema, das Sie besonders interessiert.
- **Zahlreiche Zusammenfassungen innerhalb der Kapitel erlauben das schnelle Querlesen.**
- Ein Fast Reader am Ende des Buches fasst alle wichtigen Aspekte zusammen.
- Ein Register erleichtert das Nachschlagen.

Inhalt

Vorwort

„Wenn nur die Welt für einen Moment stillstünde, dann hätte ich endlich mal die Zeit, alles abzuarbeiten, was noch zu erledigen ist. Einmal vor statt hinter der Welle zu sein, wäre das nicht schön?" Wie oft habe ich diesen Gedanken schon gedacht – vor allem in den letzten Monaten, während ich dieses Buch geschrieben habe. Kennst du diesen Gedanken auch? Hast du auch schon öfter das Gefühl gehabt, dass dir alles einfach zu viel wird, der Kopf raucht und du den Wald vor lauter Bäumen nicht mehr siehst?

Ich kann dir eines sagen: Mit diesen Gedanken bist du nicht allein. Dieses Gefühl der permanenten Denkarbeit, die einen nicht mehr abschalten lässt, hält nicht nur dich und mich ständig in Aktivität, sondern jede und jeden von uns – mal mehr, mal weniger.

Ja, du hast richtig gelesen: Jede und jeder von uns kennt sie: die schier endlose To-do-Liste, die uns den Atem raubt. „Ich habe einfach zu viel auf der Platte", höre ich immer wieder, wenn ich mit Führungskräften und Manager:innen im Coaching über ihre Situation spreche. Der Arbeitsaufwand ist hoch, doch auch der Stress außerhalb des Jobs ist überwältigend. Eltern und Alleinerziehende stehen vor der Herausforderung, Familie, Freunde, Arbeit und Haushalt unter einen Hut zu bringen, ohne sich selbst oder die Partnerschaft zu vernachlässigen. Was gern übersehen wird: Auch junge Erwachsene, die am Beginn ihrer Karriere stehen, erleben oft enormen Stress. Der Druck, von Anfang an die richtigen Weichen zu stellen, während sie die Arbeitswelt noch kennenlernen, verunsichert sie zutiefst. In ihrer Unsicherheit geben sie oft Vollgas und überschreiten dabei häufig ihre eigenen Grenzen.

Wenn aber jede und jeder von uns mit Mental Load zu kämpfen hat, ist es dann überhaupt denkbar, aus dieser Belastung oder sogar Überlastung jemals in eine Entlastung zu kommen? Hier eine ermutigende Nachricht: Mental Load ist keine unvermeidliche Einbahnstraße, die unaufhaltsam in Richtung Burn-out führt. Tatsächlich ist Mental Load etwas, das du aktiv steuern und beeinflussen kannst.

In diesem Buch werde ich dir zeigen, wie dir das gelingen kann. Du wirst die Gelegenheit haben, dein Verständnis für deinen Mental Load zu vertiefen, und wertvolle Werkzeuge und Strategien erlernen, um deinen Mental Load aktiv zu managen.

Denn ich hege einen Wunsch für dich: Ich wünsche dir, dass du Schritt für Schritt ein ausgeglicheneres und erfülltes Leben führen kannst, so wie du es für dich willst.

In diesem Sinne: Viel Freude beim Lesen!
Dr. Maria Bergler

1. Was ist Mental (Over-)Load?

„To-do-Listen können das Leben erleichtern. Nicht aber, wenn sie sich in unserem Kopf befinden und scheinbar nie enden wollen."

Unser Gehirn ist ein wahres Multitalent, das täglich eine beeindruckende Menge an Denkaufgaben jongliert. Dieses Sammelsurium an geistigen Herausforderungen wird häufig als Mental Load bezeichnet. Der Begriff begegnet uns aktuell zwar gehäuft im Kontext der mentalen Belastung von Müttern, die sich zwischen Familienleben und Berufstätigkeit einer schier endlosen Liste von zu bewältigenden Aufgaben gegenübersehen. Er ist aber keineswegs exklusiv auf Mütter beschränkt. Jede:r von uns steht im Rahmen seines beruflichen und privaten Lebens vor einer Menge an mentalen Belastungen. Unsere To-do-Liste wird stetig länger und hält uns ständig in Aktivität. Wenn die überwältigende Aufgabenliste noch von übermäßigem Grübeln und innerem Druck begleitet wird, verwandelt sich Mental Load mit der Zeit in einen Mental Overload.

Doch hier gibt es gute Neuigkeiten: Mit den richtigen Strategien können wir eine beträchtliche Menge an mentaler Belastung bewältigen, ohne dass dies negative Auswirkungen auf unser Wohlbefinden und unsere Gesundheit hat.

1.1 Was ist Mental Load, was nicht?

Der Begriff Mental Load hat seinen Ursprung in der Stressforschung der 1970er-Jahre. Damals wurden im Kontext dieses Begriffs Belastungserscheinungen wie z. B. Nervosität, Schlafprobleme, Reizbarkeit oder Konzentrationsschwierigkeiten auf ihre Wirkung auf Körper und Psyche hin in unterschiedlichen Berufsgruppen untersucht.

Ursprung des Begriffs

Der Terminus findet seinen Ursprung jedoch nicht nur in der wissenschaftlichen Debatte, sondern erst kürzlich, im Jahr 2017, in einem feministischen Comic von Emma, einer französischen Zeichnerin, der durch die Berichterstattung der renommierten britischen Tageszeitung „The Guardian" weite Verbreitung erfuhr. Sie prägte die heutige Wahrnehmung des Begriffs Mental Load, der nun überwiegend im Zusammenhang mit unbezahlter und meist unsichtbarer Sorgearbeit für Familie, Angehörige und Haushalt diskutiert wird und allen voran Frauen und Mütter betrifft.

In Deutschland trug Patricia Cammarata mit ihrem Buch „Raus aus der Mental Load Falle. Wie gerechte Arbeitsteilung in der Familie gelingt" (2020) maßgeblich zur Verbreitung dieser Wahrnehmung bei.

Multidimensional und keine rein weibliche Erfahrung

Auch wenn dieser Begriff gerade in den letzten Jahren im Kontext der mentalen Belastung von Frauen, vor allem Müttern, genutzt wird, so war er ursprünglich kein Synonym für Care-Work (Sorgearbeit) oder unterschätzten Aufwand, sondern eher für die ständige kognitive und emotionale Denkleistung, die jede:r von uns, ganz neutral betrachtet, ständig erbringt. Mal mehr, mal weniger. Eltern und Alleinerziehende müssen an Kinderbetreuung, Haushaltsführung und beruflichen Erfolg denken. Berufstätige müssen sich sowohl um ihre Arbeit als auch um ihre persönlichen Angelegenheiten kümmern. Junge Erwachsene im Berufseinstieg stehen vor der Herausforderung, sich an die Arbeitswelt anzupassen und ihre berufliche Entwicklung zu planen.

Es ist nicht nur „zu viel"

Bei genauer Betrachtung der Forschungsergebnisse wird klar, dass nicht eine bestimmte Menge oder Komplexität von Aufgaben das Fass zum Überlaufen bringt. Mental Load wird (erst) dann zum Mental Overload, wenn die verfügbaren Energieressourcen nicht ausreichen, um die individuellen Herausforderungen effektiv zu bewältigen. Wenn die Balance aus verfügbarer und notwendiger Energie dauerhaft nicht gewährleistet ist, können sich negative Auswirkungen auf die seelische und körperliche Gesundheit manifestieren.

Emotionale und körperliche Belastung

Die ständige Präsenz von Mental Load kann emotional sehr belasten und auch körperlich ihre Spuren hinterlassen. Der Druck, alles organisieren und managen zu müssen, kann zu Stress, Ängsten und sogar körperlicher Erschöpfung führen.

Ein gewisses Maß an Mental Load haben wir immer. Es ist die Liste der Dinge, die wir aus Verantwortung für viele

Aspekte unseres Lebens erledigen wollen. Wenn wir nicht aufpassen und die Energie dafür nicht mehr reicht, entsteht auf Dauer ein Mental Overload, der sich häufig nicht von alleine wieder auflöst – auch wenn wir es uns noch so sehr wünschen.

Mental Load ist ein Synonym für die ständige kognitive und emotionale Denkleistung, die jede und jeder von uns ständig erbringt. Mental Load wird zum Mental Overload, wenn die individuellen Herausforderungen nicht effektiv mit den verfügbaren Energieressourcen bewältigt werden können. Mental Load haben wir alle – der eine mehr, die andere weniger.

1.2 Wie äußert sich Mental Overload?

Es ist meist schwierig zu erkennen, ob der Mental Load bereits in einen Mental Overload übergegangen ist. Diese Entwicklung verläuft oft schleichend und man bemerkt erst spät, dass die Belastung zu groß geworden ist. Die Beeinträchtigung der mentalen Gesundheit ist uns häufig nicht bewusst, obwohl sich Konzentrationsstörungen, Schlafprobleme, gesteigerte Vergesslichkeit und ein unaufhörliches Gedankenkarussell einstellen. Wenn dein Wunsch nach mentaler Entlastung und Abschalten zunimmt, könnte dies ein Hinweis auf einen hohen Mental Load sein.

Auf dem Weg ins Burn-out?

Wenn das aber so ist, wie kann ich dann verhindern, nicht geradezu ins Burn-out zu geraten? Wenn ich von Burn-out (engl. to burn out: „ausbrennen“) spreche, gehe ich von der Definition aus, die Burn-out als Resultat von chronischem Stress definiert, der nicht erfolgreich bewältigt wurde. Burn-out entwickelt sich schrittweise über eine längere Zeit hinweg und tritt nicht von heute auf morgen auf.

Reflexionsmöglichkeiten

Seit Herbert Freudenberger diesen Begriff 1974 als erster Autor in den wissenschaftlichen Diskurs gebracht hat, findet er erhöhte gesellschaftliche Aufmerksamkeit. Gemeinsam mit Gail North hat er 1992 **zwölf Phasen auf dem Weg ins Burn-out-Syndrom** beschrieben, die dir helfen können, deine aktuelle Situation zu reflektieren:

1. **Der Zwang, sich zu beweisen:** Diese Phase ist durch übersteigerten Ehrgeiz und Perfektionismus gekennzeichnet, die eigene Sache besonders gut machen zu wollen. Beinahe zwanghaft ist die Vorstellung, mehr als 100 Prozent geben zu müssen.
2. **Verstärkter Einsatz:** Das Gefühl aus Phase 1 baut sich weiter auf, häufig verknüpft mit dem Gefühl, alles selbst und insbesondere dringlich machen zu müssen. Aufgaben werden besonders rasch erledigt. Etwas zu delegieren fällt schwer.
3. **Vernachlässigung der eigenen Bedürfnisse:** Betroffene empfinden diesen Zustand als normal und beschrei-

ben ihn teilweise sogar als angenehm. Soziale Bedürfnisse werden als sekundär empfunden. Personen im unmittelbaren Umfeld, die ihren sozialen Bedürfnissen nachgehen, werden manchmal sogar abgewertet. Der eigene Lebensstil wird zunehmend ungesünder und es treten erste kleinere Fehlleistungen auf.

4. **Verdrängung von Konflikten und Bedürfnissen:** Zunehmende Konflikte mit Arbeitskolleg:innen, der Partnerin/dem Partner werden ebenso wenig wahrgenommen wie Schlafmangel und erste körperliche Symptome. Außerdem mehren sich Fehlleistungen wie vergessene Termine, Terminkumulationen, Unpünktlichkeit, etc.
5. **Umdeutung von Werten:** Die Wahrnehmung verändert sich, die Betroffenen stumpfen ab, werden oft hart und berechnend. Der Zeitbegriff ist gestört, es gibt nur noch die Gegenwart. Personen und Dinge, die den Betroffenen vormals wichtig waren, treten hinter die Arbeit zurück. Der persönliche Horizont verengt sich.
6. **Verleugnung der Probleme:** Betroffene begegnen ihrer Umwelt zunehmend zynisch, verbittert und mit Härte, in weiterer Folge beginnen sie sich abzukapseln. Ungeduld, Intoleranz, latente und/oder offenkundige Aggressivität prägen den Umgangston. Die Leistungseinbußen sind deutlich bemerkbar, ebenso körperliche Beschwerden.
7. **Rückzug:** Partner:in, Familie und Freunde werden jetzt als Belastung, oft sogar als feindlich erlebt. Kritik wird nicht mehr ertragen; die Betroffenen beschreiben sich als orientierungslos und ihren Zustand als hoffnungslos.

Um sich eine Freude zu machen, stürzt man sich in Ersatzbefriedigungen.

8. **Sichtbare Verhaltensänderungen:** Den Betroffenen wird zunehmend alles egal, sie werden apathisch und häufig zeigen sich paranoide Tendenzen; alles wird als Angriff erlebt. Jede zusätzliche Arbeitsanforderung empfindet man als Belastung.
9. **Depersonalisierung:** Menschen in dieser Phase haben das Gefühl, nicht mehr sie selbst zu sein; sie beschreiben sich als „Maschinen, die funktionieren (müssen)" und sehen ihr Leben als sinnlos und unentrinnbar. Sie vernachlässigen ihre eigene Gesundheit.
10. **Innere Leere:** In dieser Phase sind die Betroffenen bereits völlig mutlos, leer, nutzlos, ausgezehrt, ängstlich bis panisch. Phobien und Panikattacken sind möglich.
11. **Depression:** Das Stadium der Depression ist von tiefer Verzweiflung, Selbsthass, Erschöpfung, dem Wunsch, nicht mehr aufwachen zu müssen, und Suizidgedanken geprägt.
12. **Völlige Erschöpfung:** In dieser Phase kommt es zum körperlichen, psychischen und emotionalen Zusammenbruch; es handelt sich nun um einen absoluten Notfall.

Nicht alle Phasen sind ausgeprägt

Bei der Betrachtung der zwölf Phasen ist es wichtig zu wissen, dass nicht jeder Mensch diese Phasen genau in der beschriebenen Reihenfolge durchläuft. Zudem zeigen sich nicht alle zwölf Stufen immer eindeutig. Einige Menschen überspringen bestimmte Phasen, andere befinden sich in mehreren gleichzeitig. Die einzelnen Stufen können ineinander übergehen oder sich überlappen. Die Dauer jeder Phase variiert von Person zu Person.

Die ersten drei Stufen können situativ auftreten, doch wenn solche Verhaltensweisen über einen längeren Zeitraum andauern oder sich systematisch wiederholen (chronisch werden), kann eine Beratung zu neuen Lebensführungsstrategien hilfreich sein. Ab Stufe 4 bis 8 ist eine Beratung oder ein Coaching sinnvoll, da sowohl die körperlich-seelische Gesundheit als auch das soziale Leben betroffen sein können. Spätestens ab Stufe 9 sollte die Inanspruchnahme einer Psychotherapie in Erwägung gezogen werden. Ab Stufe 11 ist aufgrund akuter Gesundheitsgefährdung eine ärztliche Behandlung zusätzlich notwendig.

Wenn du dir also nun die Frage stellst, wo du gerade stehst, können dir die folgenden Reflexionsfragen für eine erste Einschätzung weiterhelfen.

Reflexionsfragen zu den zwölf Stufen des Burn-out-Syndroms

1. Versuchst du ständig, deinen Mehrwert zu demonstrieren?
2. Hast du Schwierigkeiten, den Arbeitsmodus auszuschalten?
3. Hast du deine persönlichen Bedürfnisse wie Schlaf, Essen und Zeit mit Freunden und Liebsten vernachlässigt?
4. Fühlst du dich nervös oder leicht bedroht? Hast du persönliche Probleme ignoriert, um die Arbeit zu erledigen?

5. Ist die Arbeit dein einziger Fokus geworden? Hast du Freunde, Familie und Hobbys auf die Seite geschoben?
6. Schreibst du neue Probleme einem Mangel an Zeit und zu viel Arbeit zu? Fühlst du dich aggressiv und zynisch? Bist du intolerant gegenüber Fehlern, sowohl bei anderen als auch bei dir selbst?
7. Hast du soziale Interaktionen minimiert oder greifst du zu Alkohol oder anderen Ersatzbefriedigungen, um Erleichterung vom Stress zu finden?
8. Haben Freunde und Familie Verhaltensänderungen bei dir bemerkt?
9. Hast du Schwierigkeiten, dich selbst oder andere als wertvoll zu sehen? Hast du verlernt, deine eigenen Bedürfnisse wahrzunehmen?
10. Suchst du nach übertriebenen Erfahrungen oder Aktivitäten, um das Gefühl der inneren Leere auszugleichen?
11. Hast du das Gefühl, dass die Zukunft düster ist und es nichts gibt, worauf du dich freuen kannst?

Hilfe suchen

Bitte beachte: Depressionen und Burn-out sind ernst zu nehmende Krankheiten. Wenn du das Gefühl hast, dass du bereits einer Depression nahe bist, hole dir professionelle Unterstützung. Dieses Buch kann dir in einem solchen Fall nicht weiterhelfen. Es kann nur zum Thema Mental Overload eine Orientierung geben, aber keine Beratung, kein Coaching, geschweige denn eine Therapie ersetzen.

Mental Overload zu erkennen, ist oft herausfordernd, da die Belastung schleichend zunimmt. Warnsignale wie Konzentrationsstörungen und ein ständiges Gedankenkarussell sollten ernst genommen werden. Um einem möglichen Burnout vorzubeugen, ist eine rechtzeitige Erkenntnis und der Einsatz geeigneter Strategien entscheidend.

1.3 Wen betrifft Mental Load mehr, wen weniger?

Der Begriff Mental Load mag für einige neu sein, doch die Erfahrung, die er beschreibt, ist den meisten von uns nur allzu vertraut. Wir alle tragen eine gewisse mentale Belastung in unserem Leben, unabhängig von Geschlecht, Alter, Beruf oder Familienstand. Mental Overload kann jeden von uns treffen.

Gründe für Mental Overload

In meiner Coachingpraxis begegnen mir immer wieder Personen, die besonders unter ihrer mentalen Überlastung leiden. Dabei ist es so gut wie nie die reine Menge an zu erledigenden Denk- und Organisationsaufgaben, die zum Overload führt. Die Gründe für die Entstehung des Mental Loads sind vielschichtig und vielfältig zugleich:

- **Alltägliche Verantwortlichkeiten:** Jeder hat tägliche Verpflichtungen und Aufgaben, sei es im Beruf, im Haushalt oder in zwischenmenschlichen Beziehungen.

- **Multitasking:** In einer Welt, die ständige Erreichbarkeit und Multitasking verlangt, sind viele mit verschiedenen Aufgaben gleichzeitig beschäftigt.
- **Beruflicher Druck:** Anforderungen am Arbeitsplatz, wie hohe Erwartungen, Deadlines und Leistungsdruck, tragen erheblich zu unserem Mental Load bei. Der ständige Wunsch, sich zu beweisen und erfolgreich zu sein, kann zusätzlichen Stress verursachen.
- **Technologischer Fortschritt:** Die ständige Nutzung von Technologien, insbesondere sozialen Medien und Nachrichten, kann zu einer Informationsüberlastung führen.
- **Gesellschaftliche Erwartungen:** Gesellschaftliche Normen und Erwartungen in Bezug auf Erfolg, Aussehen, Beziehungen und Lebensführung setzen viele Menschen unter starken Druck.
- **Familiäre Verpflichtungen:** Die Pflege von Familienmitgliedern, insbesondere Kindern oder älteren Angehörigen, erzeugt zusätzliche Verantwortung.
- **Selbst auferlegter Druck:** Der Druck, perfekt zu sein, die Angst vor Arbeitslosigkeit oder sozialer Isolation sowie persönliche Glaubenssätze und Projektionen sind bedeutende Faktoren für Mental Load. Der Wunsch, unrealistischen Standards gerecht zu werden, und die Furcht vor negativen Konsequenzen verstärken die mentale Belastung und beeinflussen unser Wohlbefinden.

Gedankenschleifen führen zum Ruminieren

Besonders der letzte Aspekt fällt mir in meiner Coachingpraxis gehäuft auf. Menschen mit überhöhten Selbstansprüchen sowie tief verwurzelten Ängsten neigen verstärkt zu intensivem Nachdenken. Der Schwerpunkt ihres Denkprozesses liegt nicht allein auf der Aufgabenerledigung. Vielmehr kreisen ihre Gedanken in einer Dauerschleife um externe und interne Erwartungen sowie Wenn-dann-Szenarien. Sie versuchen sämtliche Eventualitäten, Meinungen und Einstellungen zu antizipieren und ihnen proaktiv gerecht zu werden. Dieses intensive Nachdenken und die anhaltenden Gedankenschleifen sind ein charakteristisches Merkmal des psychologischen Phänomens des Ruminierens, also des wiederholten Grübelns über bereits geschehene oder antizipierte Ereignisse.

Stress durch Over-Thinking

Gedanken werden immer wieder aufgegriffen, analysiert und durchlebt, ohne zu einer Lösung zu kommen. Beim Over-Thinking liegt der Fokus auf der obsessiven Vorwegnahme und Erforschung möglicher Szenarien, was zu einer erheblichen Belastung des Geistes führt. Ruminieren kann zu einer verstärkten emotionalen Beanspruchung führen, was wiederum die Gefahr eines Mental Overloads und letztendlich eines Burn-outs erhöht.

Mental Overload hat viele Gesichter

Mental Overload kann jeden von uns betreffen, unabhängig von unseren Lebensumständen. Er kann unterschiedliche Formen annehmen und in verschiedenen Lebensbereichen auftreten. Hier ein paar Beispiele:

- *Der verantwortungsvolle Projektleiter (43 Jahre)* steht unter immensem Druck, da nicht nur sein berufliches Fortkommen, sondern auch der Erfolg seines Chefs und der Ruf der gesamten Abteilung von seinem Projekt abhängen. Die plötzliche Krankmeldung zweier Seniors und der sich auftürmende Berg zusätzlicher Aufgaben lassen ihn unweigerlich über seine Führungsqualitäten grübeln. Während er versucht, die Herausforderungen zu bewältigen, steht der Auszubildende ratlos vor ihm, und im Hinterkopf nagt das schlechte Gewissen wegen der noch nicht vorbereiteten Hochzeit des besten Freundes. Die Vielschichtigkeit der Gedanken zeigt, wie der Mental Overload in beruflichen und persönlichen Aspekten gleichzeitig wirkt und eine intensive mentale Belastung verursacht.

- *Die schwangere Mitarbeitende und Mutter eines zweijährigen Kindes (35 Jahre)*, bereits mit einem hohen beruflichen Mental Load belastet, befindet sich in einem Dilemma bezüglich der Mitteilung ihrer Schwangerschaft an den Arbeitgeber. Die Überlegungen und Ängste bezüglich ihrer Karriere, verbunden mit der bevorstehenden Mutterschaft, führen zum Gedankenkarussell. Die Vielzahl offener Fragen, von der Kommunikation der Schwangerschaft bis zur Vereinbarkeit von Beruf und Familie, veranschaulichen, wie der mentale Druck in solchen Situationen den Mental Overload verstärken kann.

- *Die leistungsorientierte Overperformerin (27 Jahre),* die ihre berufliche Laufbahn akribisch plant, setzt sich selbst hohe Ansprüche, strebt nach den besten Abschlüssen und danach, sich alle beruflichen Optionen offenzuhalten. Doch irgendwann realisiert sie, dass es unmöglich ist, überall gleichermaßen überragend zu sein. Das hyperaufmerksame Scannen, Interpretieren und ständige Sorgenmachen führen dazu, dass sie unaufhörlich Szenarien durchspielt und in Eventualitäten denkt und lebt – ein klarer Fall von mentalem Overload.

Die genannten Beispiele sollen lediglich veranschaulichen, wie sich Mental Overload in konkreten Lebenssituationen manifestieren kann. Bei genauerer Betrachtung wird vor allem eins klar: Mental Overload zu erleben, ist keine Schwäche oder ein Zeichen persönlicher Unfähigkeit. Es stellt vielmehr eine Folge der Anforderungen des modernen Lebens dar, die jedoch häufig noch nicht optimal bewältigt werden.

Um einem möglichen Burn-out vorzubeugen, sind eine rechtzeitige Erkenntnis und der Einsatz geeigneter Strategien entscheidend. Unter Mental Load versteht man die unsichtbare kognitive wie emotionale Arbeit, die über die Zeit zu einer Überlastung führen kann.

- Mental Overload ist eine weitverbreitete Erfahrung, unabhängig von Geschlecht, Alter, Beruf oder Familienstand.

- Mental Overload ist keine Schwäche, sondern eine natürliche Reaktion auf die Anforderungen des modernen Lebens, die oft noch nicht optimal bewältigt werden.
- Mental Overload ist nicht leicht zu erkennen, da die Belastung häufig schleichend zunimmt. Konzentrationsstörungen und Gedankenkarussells sind ernste Warnsignale. Der starke Wunsch nach Entlastung kann ebenso auf zu hohen Mental Load hinweisen.

Wann wird Überforderung zum Problem?

Seite 26

Was sind eigentlich wirklich entspannende und erholsame Tätigkeiten?

Seite 35

Wie kann Erholung zur Gewohnheit werden?

Seite 40

2. Step out: Der erste Schritt raus aus der Mental-Load-Falle

„Wenn du im Survival-Modus feststeckst,
wird dich deine To-do-Liste nicht mehr retten.“

Was können wir tun, wenn wir das Gefühl haben, es wird zu viel? Viele neigen dazu, sich erst einmal einen Überblick zu verschaffen, und schreiben alle zu erledigenden Aufgaben auf. Das kann im ersten Schritt helfen, wenn der Mental Load noch nicht zu hoch oder zu lange schon ein Overload ist. Ist ein gewisser Punkt überschritten, bringt der verschaffte Überblick nicht den gewünschten Effekt. Eher im Gegenteil: Sobald die schier endlose Liste unerledigter Aufgaben transparent vor uns liegt, kann das sehr überwältigend sein und noch mehr Stress auslösen. Sind wir nur noch im Überlebensmodus unterwegs, wird uns eine noch ausführlichere To-do-Liste nicht mehr helfen. Das Einzige, was uns dann aus der Abwärtsspirale retten kann, ist, auszubrechen: Step out – der gedankliche Schritt heraus aus der Belastungssituation. Wenn wir es schaffen, bewusst auszusteigen, können wir uns und unsere Lage mit Abstand betrachten. So können wir eine objektive Analyse der Gegebenheiten durchführen und mit klarem Verstand priorisieren, welche Aufgaben wir angehen und welche wir ausdrücklich sein lassen.

2.1 Grundprinzipien des Energiemanagements

Wenn wir mentale Belastung spüren, ist es wichtig, zu erkennen, ob es sich um einen kurzzeitigen Höhepunkt (hier kann die übersichtliche To-do-Liste noch hilfreich sein) oder einen besorgniserregenden Dauerzustand handelt. Dazu müssen wir verstehen, wie unser Energiehaushalt funktioniert.

Die Energy-Map

Lass mich das anhand folgender Energy-Map erläutern, welche an die Matrix „The Dynamics of Engagement" von Jim Loehr und Tony Schwartz aus ihrem Buch „The Power of Full Engagement" angelehnt ist und von Joanna Barsh und Johanne Lavoie in ihrem Buch „Centered Leadership" weiterentwickelt wurde.

Die Energy-Map veranschaulicht, in welchen verschiedenen Energiezuständen wir uns befinden können und welche Folgen dies für uns haben kann.

Die Energy-Map spannt sich entlang zweier Achsen auf:

1. Hohe vs. niedrige Energie

2. Positive vs. negative Energie

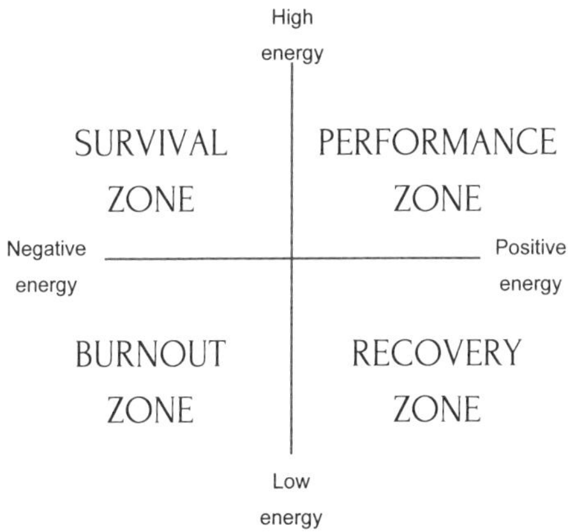

Abb. 1: Energy-Map in Anlehnung an „The Dynamics of Engagement" von Jim Loehr und Tony Schwartz

Vier Energie-Level

Dadurch entstehen vier Quadranten mit unterschiedlichen Energie-Leveln und ihrer qualitativen Ausprägung, die Joanna Barsch und Johanne Lavoie wie folgt bezeichnen:

- Performance-Zone (oben rechts), hohes positives Energie-Level
- Survival-Zone (oben links), hohes negatives Energie-Level
- Burn-out-Zone (unten links), niedriges negatives Energie-Level
- Recovery-Zone (unten rechts), niedriges positives Energie-Level

Wichtig ist mir, an dieser Stelle zu betonen, dass die hier beschriebene Burn-out-Zone nicht gleichzusetzen ist mit der im ersten Kapitel beschriebenen, sehr ernst zu nehmenden Krankheit. Der hier verwendete Begriff von Barsh und Lavoie beschreibt eher vereinzelte Symptome, die ähnlich wie bei der beschriebenen Krankheit auch jede:r von uns erleben kann, ohne sich gleich schlecht zu fühlen, auch wenn sich daraus eine Krankheit entwickeln kann.

Abhängig davon, in welchem Quadranten wir uns befinden, agieren wir unterschiedlich und fühlen unterschiedliche Emotionen. Hier eine kleine Übersicht über typische Emotionen in den jeweiligen Quadranten:

Typische Emotionen im ...	
... Survival-Modus	**... Performance-Modus**
Ungeduldig Gereizt Frustriert Wütend Besorgt Verteidigend	Optimistisch Energisch Lebendig Leidenschaftlich Erfüllt
... Burn-out-Modus	**... Recovery-Modus**
Erschöpft Niedergeschlagen Traurig Hoffnungslos Ausgebrannt Leidend	Entspannt Friedlich Dankbar Ruhig Erholt

- Viele meiner Coachees berichten, dass sie mit der **Performance-Zone** (hohe positive Energie) Freude und Tatendrang verbinden und in diesen Phasen hochproduktiv Aufgaben bewältigen und selbstsicher auftreten.

- Einige nehmen bei sich wahr, dass sie in der **Survival-Zone** (hohe negative Energie) ein eher gereiztes, wütendes oder auch nervöses Auftreten an den Tag legen und mit angespanntem Nacken schnell ihr Essen herunterschlingen.
- Die **Burn-out-Zone** (niedrige negative Energie) erleben einige als einen Zustand, in dem sie vollkommen entkräftet sind, kaum noch fähig, ihre Augen offen zu halten, oder nur noch den Tränen nahe sind.
- Die **Recovery-Zone** (niedrige positive Energie) wiederum beschreiben viele als eine Phase, in der sie ruhigen Tätigkeiten nachgehen oder etwas tun, das ihnen in diesem Moment spürbar guttut.

Wir alle kennen uns in den jeweiligen Zonen aus und haben die dazugehörigen Gefühle schon mehr oder weniger intensiv erlebt. Auch wenn sich die meisten von uns wünschen, am liebsten durchgehend in der Performance-Zone zu bleiben, erleben wir immer wieder, dass wir schnell in den Survival-Modus abdriften. Wir durchleben häufig auch Emotionen, die charakteristisch für die benachbarten Quadranten sind.

Mehrere Energie-Zonen täglich

Es ist sogar eher die Regel, dass wir alle Energie-Zonen wiederholt durchlaufen und zwischen ihnen springen – auch mehrmals am selben Tag. Das sieht dann beispielsweise so aus: Am Montagmorgen stehst du auf, hast gut geschlafen und fühlst dich fit. Vormittags bist du voller Tatendrang. Die

Aufgaben gehen dir gut von der Hand. Du befindest dich in der Performance-Zone. Nach ca. zwei Stunden merkst du, dass deine Konzentration nachlässt. Du motivierst dich, bis zur Mittagspause durchzupowern (Survival-Zone). In der Pause schaltest du komplett ab. Du isst einen Salat und machst einen Spaziergang (Recovery). Pünktlich zur zweiten Hälfte des Arbeitstages fühlst du dich wieder fit und energiegeladen (Performance). Als am Nachmittag deine Energie nachlässt, legst du eine Pause ein, gehst eine Runde um den Block, gönnst dir einen Smoothie. Du kommst zurück an deinen Schreibtisch und erledigst, was zu erledigen ist. Wenn du nach Hause kommst, kochst du dir ein schönes Abendessen oder gehst zum Sport (Recovery). Am nächsten Morgen fühlst du dich wieder richtig gut … usw.

Variante des Energie-Zonen-Mix

Oder es verläuft so: Am Montagmorgen stehst du auf, hast gut geschlafen und fühlst dich fit. Vormittags bist du voller Tatendrang, die Aufgaben gehen dir gut von der Hand. Du befindest dich in der Performance-Zone. Gegen elf Uhr lässt deine Energie langsam nach. Schwupps, hast du den Schokoriegel gegessen, der Zuckerschub hilft dir für einen Moment. Mittags isst du schnell etwas und kehrst direkt zum Schreibtisch zurück. Deine Recovery-Phase ist entsprechend kurz.

Am Nachmittag steigt der Druck, es fällt dir immer schwerer, deine Performance abzurufen. Du musst die Präsentation aber auf jeden Fall noch fertig machen. Du aktivierst den Survival-Modus und powerst durch.

Am Abend gehst du erschöpft nach Hause, dein Kopf schwirrt. Wieder gefasst, bestellst du dir eine Pizza, trinkst zwei, drei Gläser Wein, um abzuschalten. Du fängst an, dir viele Gedanken zu deinem Job und über dein Leben zu machen und bist immer mehr den Tränen nah. Du bist nun in der Burn-out-Zone angekommen.

Als du am nächsten Morgen aufwachst, bist du nicht mehr ganz so fit wie am Tag zuvor. Du kannst aber deine positive Energie am Vormittag noch mobilisieren ...

Am Ende der Woche bist du allerdings so erschöpft, dass du erst mal nur ausschlafen und am besten nichts tun willst.

Solche Tage und Wochen können wir oft erstaunlich lange durchhalten. Werden sie allerdings zum Dauerzustand, laufen wir Gefahr, in der Survival-Zone stecken zu bleiben oder sogar dauerhaft in die Burn-out-Zone abzurutschen und an einer Depression zu erkranken.

Performance und Überforderung sind kein Widerspruch

Wir sollten aber nicht den Fehler machen, das Gefühl von Überforderung pauschal als Signal für den Survival-Modus zu werten. Es mag paradox klingen, aber selbst im Performance-Modus können, ja sollten wir uns bis zu einem gewissen Grad überfordert fühlen. Friederike Fabritius bringt es in ihrem 2022 erschienenen Buch „Flow@Work. Gehirngerecht führen – die besten Leute gewinnen und halten“ auf den Punkt: Für persönliches Wachstum braucht es konstante leichte Überforderung, etwa vier Prozent, damit wir uns kontinuierlich weiterentwickeln. Richtig gelesen. Das ist nicht viel. Meist liegen wir deutlich über diesen vier Prozent, wenn nicht sogar bei 50 oder 70 Prozent.

Genau das ist das Problem: Wenn die Überforderung konstant zu hoch ist, haben wir uns nicht nur aus der oft genannten Komfort-Zone bewegt, sondern überspringen die Learning-Zone, um uns direkt in der sogenannten Terror-Zone bzw. der Survival-Zone wiederzufinden.

Höchstleistung ist begrenzt

Die Performance-Zone hat ihre Grenzen – sowohl im Ausmaß als auch in der Dauer der Herausforderung. Du kannst dich nicht pausenlos in dieser Zone aufhalten. Viele schaffen es nicht länger als 1,5 Stunden am Stück, Höchstleistung zu bringen, da schlichtweg die Konzentration nachlässt. Die gefühlte Überforderung steigt und du mobilisierst deine Kraftreserven, um dieser gefühlten Überforderung Herr zu werden. Du wanderst vom Performance- in den Survival-Modus und merkst es wahrscheinlich erst einmal nicht. Ein guter Anhaltspunkt, um zu erkennen, ob du bereits im Survival-Modus steckst, ist deine Reaktion auf die To-do-Liste. Wenn sie dich mehr stressen sollte als sonst, bist du vermutlich bereits dort angelangt.

Die Krux am Survival-Modus

In den Tiefen unseres Survival-Modus offenbart sich eine subtile Herausforderung: Der Negativitätsbias, ohnehin schon ein hartnäckiger Begleiter, verstärkt sich hier noch einmal deutlich. Das können negative Gedanken, Gefühle und Erlebnisse sein, die einen stärkeren Einfluss auf unser Denken und Handeln haben als positive. Ein kleiner Funke Selbstzweifel kann sich in der Survival-Zone zu einem lodernden Feuer auswachsen, das an unserer Gedankenwelt zündelt. Die emotionsgeladene Atmosphäre des Survival-Modus intensiviert nicht nur unsere Wahrnehmung von negativen Gefühlen, sondern schafft auch den Nährboden für abträgliche, sich selbst verstärkende Annahmen.

Impostor-Gefühle

Dieses Phänomen lässt Selbstzweifel zu unangenehmen Dauergästen in unserem Kopf werden. Die negativen Annahmen werden genährt, und bevor wir es merken, haben sich Impostor-Gefühle festgesetzt: Gefühle, den eigenen Erfolg nicht wirklich verdient zu haben und nicht so begabt wie andere zu sein. Die Angst wächst, als Betrüger:in oder Hochstapler:in enttarnt zu werden. Ein Teufelskreis, der sich selbst weiterspinnt.

Evolutionärer Schutzmechanismus

Evolutionsbedingt hat der Negativitätsbias seine Berechtigung. Denken wir an die gefährlichen Beeren, die uns vor langer Zeit auf der Suche nach Nahrung begegnet sind. Wenn wir einmal gelernt haben, dass solche Beeren uns vergiften und wir im schlimmsten Fall daran sterben könnten, sollten wir uns besonders gut merken, wie diese gefährlichen Beeren aussehen. Wir verarbeiten deswegen solche Informationen deutlich intensiver und merken uns diese gewissenhafter. Unser Überlebensinstinkt sorgt dafür, dass wir besonders auf potenzielle Gefahren achten. Doch in der heutigen Welt, die viel mehr von alltäglichen Herausforderungen durchzogen ist, neigen wir dazu, unseren Alltag von veralteten Schutzmechanismen regieren zu lassen.

Freeze, fight, flight

Was uns auch aus Urzeiten geblieben ist: Um in (vermeintlichen) Gefahrensituationen schnell reagieren zu können, liegen unserem Unterbewusstsein drei Reaktionsmöglichkeiten vorprogrammiert vor, die uns schützen sollen: freeze, fight und flight. Der „freeze" (Prokrastination) lässt uns erstarren, während der „fight" (aggressives Priorisieren) uns in einen Kampf mit uns selbst stürzen und der „flight" (sich der Situation entziehen) uns aus der Verantwortung entfliehen lässt. Wahrscheinlich sind dir diese Überlebensstrategien nicht ganz unbekannt, die wir immer wieder an den Tag legen, um mit den Widrigkeiten des Lebens umzugehen. Es war von der Natur allerdings nie vorgesehen, dass wir uns ständig oder überwiegend in diesem Modus befinden, denn er lässt uns zunehmend erschöpfen.

Du willst wieder zurück in den Performance-Modus kommen? Es gibt keinen direkten Rückweg und noch mehr Anstrengung ist auf keinen Fall die Lösung. Du musst einen Umweg in Kauf nehmen: Die Energie herunterschrauben und bewusst in die Recovery-Zone eintreten. Das Bewusstsein über diesen unumgänglichen Zwischenstopp ist der erste Schritt, um die Kontrolle zurückzugewinnen.

Um den eigenen Energiehaushalt zu verstehen und zwischen kurzfristiger Belastung und bedenklichem Dauerstress zu unterscheiden, ist die Energy-Map entscheidend. Die vier Quadranten Performance, Survival, Burn-out und Recovery spiegeln verschiedene Energie-Level und Emotionen wider. Im Performance-Modus ist eine leichte Überforderung förderlich, jedoch kann anhaltende Überforderung in die gefährliche Survival-Zone führen, begleitet von verstärktem Negativitätsbias und Selbstzweifeln.

2.2 Voller Fokus auf Recovery

Gerade in der heutigen Zeit, die geprägt ist von wirtschaftlichen und gesellschaftlichen Krisen, wird eins deutlich: Recovery ist kein Wellness-Faktor, sondern ein absolutes Must-have, um aus dem Survival-Modus auszusteigen und wieder in den Flow des Lebens zu gelangen. Die Unsicherheit um uns herum wächst und verlangt uns viel ab – gerade deshalb wird die Bedeutung der inneren Erholung immer größer. Aus diesem Grund sollten wir sehr bewusst unseren vollen Fokus auf die in Kapitel 2.1 beschriebene Recovery-Zone legen, um dauerhaft ausreichend Energie zu haben für die täglichen Herausforderungen.

Erholung für die mentalen Muskeln

Mir ist es sehr wichtig, zu betonen, dass Recovery nicht etwas ist, das wir uns hin und wieder gönnen sollten. Wir müssen uns bewusst immer wieder in den Recovery-Modus bringen, weil es sich mit unserem mentalen Energiehaushalt wie mit einem Muskeltraining bei Sportlern verhält. Sportler trainieren sehr intensiv ihre physischen Muskeln und legen nach dem Training immer wieder bewusst Regenerationstage ein, damit der Muskel sich erholen und wachsen kann. Genauso verhält es sich auch mit unseren mentalen Muskeln, die wir in Phasen von Recovery ebenso sich erholen und wachsen lassen können.

Recovery fördert Resilienz

Ich würde sogar behaupten, wer regelmäßig Recovery in seinem Alltag praktiziert, stärkt dadurch auf Dauer seine mentale Widerstandskraft (Resilienz). Ähnlich wie beim körperlichen Training im Fitnessstudio, bei dem Muskeln durch Widerstand wachsen, leisten Pausen und Erholung in unserem Leben einen wesentlichen Beitrag zur mentalen Stärkung. Kein Fußballteam würde zwei Champions-League-Spiele an zwei aufeinanderfolgenden Tagen spielen, da dies physisch und mental überfordernd wäre. In ähnlicher Weise müssen wir unsere Erwartungen an uns selbst überdenken und realistischer gestalten.

Pausen sind essenziell

Damit meine ich nicht, dass wir uns weniger fordern sollen, sondern dass wir erkennen, dass dauerhafte Hochleistung ohne Pausen nicht nachhaltig möglich ist. Es ist nicht nur in Ordnung, Pausen einzulegen und sich die Zeit zu nehmen, die für die eigene Erholung notwendig ist. Es ist eine absolute Notwendigkeit. Durch bewusste Pausen und Reflexion entwickeln wir so nicht nur mentale Stärke, sondern auch eine nachhaltige Basis für persönliches Wachstum und Entwicklung.

Elemente einer gesunden Recovery-Praxis

Wenn ich von einer gesunden Recovery-Praxis spreche, dann spreche ich von einer etablierten Routine, die zwei Dinge regelmäßig integriert: energetisierende Aktivitäten und entspannende Praktiken.

- Energetisierende Aktivitäten sind Handlungen, die deine Energie steigern, deine Aufmerksamkeit schärfen und dich aktivieren, z. B. Sport, körperliche Bewegung, soziale Interaktion oder kreative Ausdrucksformen.
- Entspannende Praktiken hingegen zielen darauf ab, Stress abzubauen, die Entspannung zu fördern und die innere Ruhe zu stärken, z. B. Meditation, Atemübungen, Lesen oder Naturbeobachtung.

Diese Aktivitäten können dazu beitragen, dich aufzumuntern, deine Leistungsfähigkeit zu verbessern, Spannungen zu lösen und einen Zustand der Gelassenheit zu erreichen. Dementsprechend können je nach Bedarf und Situation beide Arten von Aktivitäten wichtige Elemente für dein Wohlbefinden sein.

Erholung ist nicht gleich Erholung

Was machst du heute schon regelmäßig, um dich abends von einem anstrengenden Tag zu erholen? Welche energetisierenden Aktivitäten oder entspannenden Praktiken wendest du bereits an? Wenn ich mir mit meinen Coachees deren Recovery-Praxis genauer ansehe, zeigt sich meistens, dass diese oft weder wirklich entspannend noch stärkend ist. Statt etwas wirklich Entspannendes zu tun, betäuben sie sich eher, um den sie stressenden Zustand leichter zu ertragen.

Aufladen versus Aufputschen

Aufladen bezieht sich auf die bewusste Wahl von Handlungen, die positive Energie und Vitalität spenden. Das kann eine kurze Meditation, ein Spaziergang an der frischen Luft oder das Lesen eines inspirierenden Buches sein. Diese Handlungen dienen dazu, die persönliche Energie aufzuladen, ohne dabei auf externe Stimulanzien zurückzugreifen. Aufputschen hingegen ist oft kurzfristig und extern motiviert. Es kann der Griff zu Kaffee, Energy Drinks oder anderen Substanzen sein. Diese Mittel mögen einen vorübergehenden Energieschub bieten, aber sie ersetzen nicht die nachhaltige Aufladung, die durch bewusste Selbstpflege entsteht.

Entspannen versus Betäuben

Wahre Entspannung ist eine bewusste Handlung, die darauf abzielt, Stress abzubauen und das Nervensystem zu beruhigen. Dies kann durch Methoden wie Atemübungen, Yoga oder Musikhören geschehen. Entspannung fördert innere Ruhe und erfrischt den Geist. Betäuben ist selten eine bewusste Handlung und es geht in erster Linie darum, vor der

Realität z. B. durch Ablenkung zu flüchten. Es sind kurzfristige Maßnahmen, die oberflächlich betrachtet zwar Entspannung suggerieren, aber in Wirklichkeit die eigentlichen Probleme nicht angehen. Alkoholkonsum, exzessives Essen oder stundenlanges vor dem Bildschirm Sitzen können als Betäubung dienen, lösen jedoch die körperlichen Reaktionen der zugrunde liegenden Stressfaktoren nicht.

Individualität respektieren

Es gibt unterschiedlichste Aktivitäten, die uns wirkungsvoll entspannen und wieder zu Kräften kommen lassen. Ihre Bandbreite ist schier unendlich und so facettenreich, wie wir Menschen individuell verschieden sind. Das, was mich entspannen lässt, muss dir noch lange nicht Entspannung verschaffen. Was mich energetisiert, wird dir vielleicht überhaupt keine Freude machen. Für manche Menschen mögen soziale Aktivitäten wie 15 Minuten Karaoke-Singen, ein Theaterbesuch oder ein gutes Essen energetisierend sein. Auf der anderen Seite ziehen einige Menschen ihre Energie aus ruhigen, entspannenden Momenten: dem Gang in die Sauna oder dem Beobachten eines Eichhörnchens vor dem Fenster. Kleine Details in der Natur oder das Erinnern an schöne Ereignisse können ebenso dazu beitragen, die innere Ruhe zu finden.

Entspannungsmethoden entwickeln

Es gibt also kein Richtig oder Falsch, kein starres Konzept, das dir garantiert, dass du (nur) so zu der Entspannung und Erholung gelangst, die du in deinem Zustand brauchst. Jeder Mensch ist einzigartig, und dementsprechend variieren auch seine Bedürfnisse in Bezug auf Energie und Entspannung. Umso wichtiger ist es, seine eigenen Bedürfnisse und Vorlieben zu erkennen, um im jeweiligen Moment zu wissen, was einem jetzt guttun könnte. Eine Recovery-Ideen-Liste kann dabei helfen. Mehr dazu im nächsten Kapitel.

Den vollen Fokus auf Entspannung und Erholung zu setzen, ist kein Wellness-Faktor, sondern entscheidend, um aus dem Survival-Modus auszubrechen. Recovery ist vergleichbar mit dem Training von mentalen Muskeln, erfordert bewusste Pausen und Reflexion, um die mentale Widerstandskraft zu stärken. Eine gesunde Recovery-Praxis integriert bevorzugte energetisierende Aktivitäten und entspannende Praktiken.

2.3 Deine Recovery-Ideen-Liste

Damit es dir leichter fällt, möchte ich dich einladen, folgenden Step-out-Tipp für dich in die Tat umzusetzen: Erstelle dir in einem ruhigen Moment eine Liste mit persönlichen Recovery-Ideen, auf die du jederzeit zugreifen kannst, wenn du sie brauchst. Diese Liste kann voller Aktivitäten sein, welche es dir ermöglichen, kurz-, mittel- wie langfristig zu entspannen und dich zu stärken.

Alltagsstrategien sammeln

Wieso rate ich dir dazu? Oftmals neigen wir dazu, eher diesen anstrengenden Zustand noch aushalten zu wollen, weil jede Art von Recovery zu viel Zeit kosten würde und z. B. eh in zwei Monaten der nächste Urlaub ansteht. Aber wenn wir ehrlich zu uns sind, hilft der zweiwöchige Urlaub selten, uns wirklich zu erholen. Nach dem Urlaub holt uns der Alltag schnell wieder ein und nach zwei Tagen ist jede Erholung dahin. Die Kunst ist es also, uns für unseren Alltag unterschiedliche Strategien zu überlegen, wie wir uns tagtäglich so erholen und stärken können.

Fünf Minuten sind bereits wirkungsvoll

Sich kurz zu erholen und neue Kraft zu tanken, braucht nicht immer so viel Zeit, wie wir denken. Schon eine bewusste Pause von fünf Minuten kann oft viel bewirken. Wenn wir vor lauter Mental Load dringend eine kurze (oder auch längere) Pause brauchen und nur nicht wissen, was uns vielleicht jetzt gerade guttun könnte, kann uns ein individuelles Set aus unterschiedlichen Recovery-Ideen aus dem Überlebensmodus herausholen.

Notizen anlegen

Alles, was du dafür brauchst, sind Zettel und Stift oder du öffnest dir eine Notiz in deinem präferierten digitalen Notizbuch. Hier schreibst du in einem ruhigen Moment eine Liste an Recovery-Ideen unterschiedlicher Art und Dauer auf. Die Liste wird um so hilfreicher sein, je vielseitiger sie wird. Deswegen schreibe dir alles auf, was dir in den Sinn kommt.

Ein paar **Ideen** für entspannende und/oder aufladende Aktivitäten, die **weniger als fünf Minuten** dauern:

Physisch

- Achtsam ein Glas Wasser trinken
- Ein dreiminütiger Tanz zu einem Lieblingslied
- Augen kurz schließen
- Bewusste Atemzüge machen, in den Bauchraum atmen

Mental

- Sitzposition ändern und bewusst die Umgebung wahrnehmen
- Stelle dir eine leere Box in deinem Kopf vor und gehe dort hinein für eine kurze Pause

Emotional

- Foto einer eng verbundenen Person ansehen
- Eine Minute laut lachen, auch wenn einem nicht danach zumute ist

Spirituell

- Jemandem einen Dank aussprechen
- Kurz bewusst machen, wofür ich dankbar bin

Hier eine paar **Ideen** für Aktivitäten, wenn Du **mehr Zeit** hast:

Physisch

- Mittagsschlaf machen
- Lieblingsessen zubereiten
- Sporteinheit, die Freude bereitet, einlegen

Mental

- Achtsamkeitsübung machen
- Musikinstrument spielen oder singen

Emotional

- Tagebuch schreiben
- Telefonat mit einem Herzensmenschen

Spirituell

- Dankbarkeits-Tagebuch schreiben
- Beten oder anderen spirituellen Aktivitäten nachgehen

Falls es dir schwerfällt, damit anzufangen, helfen dir vielleicht folgende Fragen:

- Wie ist es dir schon mal (ansatzweise) gelungen, dich zu erholen/zu stärken?
- Was tust du mehr/weniger, wenn du in deinem idealen Mental-Load-Zustand bist?
- Welche Tätigkeiten haben dir in der Vergangenheit Freude bereitet?
- Was würden dir nahestehende Personen empfehlen, weil sie dich gut kennen?
- Was würdest du gerne mal ausprobieren, hattest allerdings noch keine Gelegenheit dazu?

Lange Ideenliste anlegen

Scheue nicht davor zurück, eine lange Liste mit mehr als 50 Recovery-Ideen zu erstellen. Wenn deine Ideenliste vielfältig und reich an Ideen ist, kannst du viel leichter auch die Aktivität auswählen, die dir wirklich in der derzeitigen Situation hilft. Denn nicht immer hilft die gleiche Aktivität auch in jeder Lebenslage. Mal ist es ein Telefonat mit einer nahestehenden Person, mal ein kurzer Spaziergang um den Block. Schaffe dir eine breite Auswahl an Möglichkeiten und lasse deine Liste dabei immer länger werden. Ergänze sie immer dann, wenn dir eine neue Idee kommt oder du bei jemand anderem eine für dich interessante Recovery-Idee hörst. Wenn du deine initiale Liste erstellt hast, ist der Anfang gemacht.

Dauerhafte Recovery-Strategien

Wie kannst du es schaffen, deine Recovery-Praxis dauerhaft auch in den Alltag zu integrieren? Folgende fünf Tipps helfen dir, dranzubleiben:

1. **Freudige Aktivitäten priorisieren:** Fokussiere dich nur auf Aktivitäten, die dir wirklich Freude machen und sich nicht nach einer lästigen Pflicht anfühlen. Wenn dir Joggen mehr Spaß macht als Kraftsport, dann ist das vollkommen in Ordnung. Recovery darf sich gut anfühlen und sollte nicht zur nächsten Stressquelle für dich ausarten.
2. **Buddy-System einführen:** Teile deine Recovery-Ideen mit Freunden oder Bekannten, um ein Support-Netzwerk aufzubauen. Diskutiert Ideen, ergänzt eure Liste und motiviert einander, die Erholungspraxis in den Alltag zu integrieren.
3. **Stärkenbasiert vorgehen:** Entwickle deine Erholungsideen auf Basis deiner Stärken. Wenn du auf bereits vorhandenen Fähigkeiten aufbaust, wird es nicht nur einfacher, sondern es macht auch mehr Freude, die Ideen zu etablieren und beizubehalten.
4. **Default-Modus erstellen:** Überlege, ob du einen Standardansatz entwickeln kannst. Etwa „Immer wenn ich ein virtuelles Meeting habe, mache ich im Anschluss für drei Minuten meine Augen zu“. Das kann helfen, einzelne Aktivitäten zur Gewohnheit zu machen.

5. **Mitgefühl entwickeln:** Wenn es dir schwerfällt, Ideen in die Tat umzusetzen, sei nicht streng mit dir. Frage dich stattdessen: Was macht es mir so schwer, mich zu entspannen? Vielleicht war die gewählte Strategie nicht die richtige oder es war mehr Verpflichtung als Wunsch. Jedes Handeln hat einen Sinn. Versuche, diesen neugierig zu ergründen, und passe deine Vorgehensweise deinen neuen Erkenntnissen an.

Um den eigenen Energiehaushalt zu verstehen, ist die Energy-Map mit den Quadranten Performance, Survival, Burn-out und Recovery entscheidend.

- Im Performance-Modus ist leichte Überforderung förderlich, doch anhaltende Überforderung kann in die gefährliche Survival-Zone führen.
- Erholung ist in Zeiten von Unsicherheit und Herausforderungen entscheidend, vergleichbar mit dem Training von mentalen Muskeln.
- Eine gesunde Recovery-Praxis integriert energetisierende Aktivitäten und entspannende Praktiken, wobei individuelle Vorlieben berücksichtigt werden sollten.
- Aus diesem Grund erstelle eine persönliche Liste von Recovery-Ideen für kurz-, mittel- und langfristige Entspannung, priorisiere freudvolle Aktivitäten und etabliere einen Default-Modus, um die Erholungspraxis dauerhaft zu integrieren.

Warum ist eigensinnig sein nicht gleichbedeutend mit öfter Nein sagen?

Seite 48

Wieso fällt es Frauen oft schwerer, eigensinniger aufzutreten?

Seite 53

Wie kann unser bestes Selbst uns helfen, unseren Mental Load besser zu managen?

Seite 57

3. Step in: Wie du nicht wieder in die Mental-Load-Falle tappst

„Werde eigensinniger, nicht egoistischer.“

Du hast nun Ideen entwickelt, um bewusst in die Recovery-Zone zu gelangen, wenn der mentale Load zu viel wird. Jetzt stellt sich die Frage, wie du es am besten vermeiden kannst, überhaupt in den Überlastungszustand zu geraten. Die Antwort mag simpel klingen, ist jedoch eine Herausforderung: Werde eigensinniger! In diesem Kapitel werden wir erörtern, wie du dies erreichen kannst.

Denken wir zurück: Sportlerinnen und Sportler schaffen es, sich immer wieder auf ihre Spitzenleistung zu konzentrieren und diese zu steigern, weil sie verinnerlicht haben, dass Erholung ein absolutes Muss für ihre Leistungsfähigkeit ist. Durch das kontinuierliche Wechseln zwischen Performance- und Recovery-Phasen gelingt es ihnen, langfristig auf der rechten Seite der Energiematrix, also in einem positiven Energiezustand, zu bleiben. Sie halten sich an Regeln, Routinen und Grundsätze, haben klare Ziele und Prinzipien und setzen somit Grenzen – im Einklang mit ihren eigenen Bedürfnissen – und bleiben sich selbst treu. Sie sind eigensinnig. Diese Form der Eigensinnigkeit ermöglicht es ihnen, sehr achtsam mit sich selbst und ihrem Energiehaushalt umzugehen. Davon können wir lernen.

3.1 Mit Eigensinn Grenzen setzen

Lass es mich anhand der folgenden Situation eines Unternehmensberaters verdeutlichen, der als Senior-Projektleiter in einer renommierten Unternehmensberatung arbeitet. Auf dem Weg zum nächsten Karriereschritt als möglicher Partner in dieser Beratung beginnt er, seine Zeit aufzuteilen und mehrere Projekte bei verschiedenen Kunden gleichzeitig zu betreuen. Derzeit sind es drei verschiedene Projekte und er ist bereits mehr als ausgelastet. Er arbeitet an seiner absoluten Belastungsgrenze. Sein größter Unterstützer und Sponsor auf Partnerebene, der für seinen beruflichen Aufstieg wesentlich ist, kommt nun auf ihn zu und bittet ihn, noch ein viertes Projekt bei einem anderen Kunden zu einem völlig anderen Thema zu übernehmen.

Eigene Grenzen wahrnehmen

Eine typische Situation für viele Beraterinnen und Berater, mit der üblichen Reaktion: „Natürlich, klar. Für dich doch immer!“ Die oft gefeierte Can-Do-Mentalität führt allerdings meistens dazu, dass man seine eigenen Grenzen ignoriert. Nach dem Motto: Augen zu und durch. Es wird schon irgendwie gehen und er muss ohnehin noch mehr Projekte gleichzeitig stemmen, um Partner werden zu können (denkt er). So opfert er noch mehr Nächte und Wochenenden, seine Leistungsfähigkeit sinkt und die Unzufriedenheit in seinem Umfeld wächst. Als er zu mir in die Praxis kommt, steht er kurz vor einem Nervenzusammenbruch und nicht vor einer Beförderung zum Partner.

Bedürfnisse nicht ignorieren

Was hat ihn in diese Situation gebracht? Damals haben wir beide ausführlich über die Energy-Map gesprochen, und bei der Reflexion über die vergangenen Ereignisse sagte er dann zu mir: „Ich habe viel zu sehr darauf geachtet, was andere von mir denken. Ich wollte Anerkennung. Ich wollte gefallen. Dabei habe ich mich selbst und meine Bedürfnisse komplett aus den Augen verloren. Nein, ich habe sie sogar als irrelevant betrachtet. Die Bedürfnisse anderer habe ich immer über meine eigenen gestellt und bin nicht für mich eingetreten." Diese Erkenntnis traf ihn hart. Aber das war gut so. Denn daraus entwickelte sich für ihn im Laufe der Zeit eine völlig neue Erkenntnis: Ich darf und muss entschiedener für mich eintreten.

Durch Eigensinnigkeit Grenzen setzen

Wie im ersten Kapitel erklärt, wird der mentale Druck erst zur Überlastung, wenn wir nicht mehr über genügend Energie verfügen, um ihn zu bewältigen. Indem wir unseren Fokus vollständig darauf lenken, was uns Energie gibt, haben wir einen bedeutenden ersten Schritt getan. Sobald wir dies erkannt haben, beginnt oft der Teil, den einige gerne umgehen: Klarheit und Transparenz darüber zu schaffen, welche Konsequenzen sich daraus für andere ergeben.

Persönliche AGBs definieren

Für sich selbst einzustehen und deutlich zu machen, was man zukünftig mehr tun möchte und was nicht mehr, ist nicht immer einfach. Doch es ist die einzige Möglichkeit, um Grenzen zu setzen und zu verhindern, dass wir schnell wieder in den Überlebensmodus zurückfallen. Es ist, als ob wir unsere persönlichen Allgemeinen Geschäftsbedingungen (AGBs) veröffentlichen, um unserem Gegenüber Orientierung zu geben. Sie bilden den Rahmen für ein harmonisches Zusammenleben auf Augenhöhe. Denn dadurch schützen wir unsere begrenzten Energieressourcen und setzen diese auch wirklich nur für das ein, was wir als relevant erachten.

Wo sind die eigenen Grenzen?

Das bedeutet auch, dass es unsere Verantwortung ist, uns darüber im Klaren zu sein, was wir wirklich wollen, um solche Grenzen setzen zu können. Wir müssen sorgfältig darüber nachdenken, wofür wir unsere begrenzte Energie einsetzen wollen. Es ist kein leichter Prozess, über unsere eigenen Wünsche, Werte und Grenzen zu reflektieren – vor allem für diejenigen unter uns, die sich erst einmal erlauben müssen, überhaupt eigene Bedürfnisse als wichtig anzunehmen.

Gewohnte Muster hinterfragen

Es fällt vielen von uns schwer, eigensinnig zu handeln. Einerseits fehlt oft das Bewusstsein dafür, was unsere wahren Bedürfnisse sind. Es gibt Bereiche, in denen wir viel selbstbestimmter sein könnten, als wir es zulassen. Andererseits haben wir gelernt, uns anzupassen – oft auf Kosten unserer eigenen Bedürfnisse. Wir neigen dazu, die Muster aus Schule und Familie einfach weiterzuleben: das Brave-Mädchen-/

Braver-Junge-Ideal, ständiges Einfügen und Unterordnen, um Autoritäten zu gefallen und im System zu überleben. Es ist natürlich, dass wir gelernt haben, uns anzupassen. Aber wenn wir uns darüber selbst zu verlieren drohen, müssen wir ganz klar hinterfragen, wo wir uns anpassen und wo nicht mehr (im eigenen Sinne!).

Eigensinn bedeutet nicht, immer Nein zu sagen

Aber Vorsicht: Eigensinniges Handeln bedeutet nicht, immer und zu allem Nein zu sagen und dabei stur zu bleiben. Eigensinn bedeutet einfach, im eigenen Sinne zu denken und zu handeln, für sich einzustehen. Es bedeutet nicht, dabei die Bedürfnisse anderer vollständig zu ignorieren, sondern vielmehr, die eigenen Bedürfnisse mit denen anderer in Einklang zu bringen.

Alternativen suchen

Was hätte unser Unternehmensberater im obigen Beispiel anders machen können, wenn er eigensinniger aufgetreten wäre? Eine Option hätte sein können, Verständnis und auch Dankbarkeit zu zeigen, dass ihm das Projekt anvertraut werden soll, und gleichzeitig Transparenz über seine aktuelle Arbeitsbelastung und die begrenzten Kapazitäten zu schaffen. Dies wäre der Ausgangspunkt für einen Austausch über mögliche Lösungsalternativen (z. B. ein anderer Projektleiter, eine andere Art der Unterstützung usw.) gewesen. So hätten die Bedürfnisse des Unternehmens und die des Senior-Projektleiters ausbalanciert werden können.

Standhaft bleiben

Jetzt denkst du vielleicht: „Du kennst meinen Chef nicht. Der würde sich da keinen Zentimeter bewegen. Und wenn doch, wäre mein Karriereende besiegelt." Meiner Erfahrung nach passiert in solchen Situationen allerdings oft etwas anderes: Ja, es ist wahrscheinlich, dass das Gegenüber im ersten Moment rebelliert, weil du durch eine neu gesetzte Grenze eine völlig neue, unbekannte Situation schaffst. Wenn du jedoch standhaft, ruhig und bei dir bleibst sowie Verständnis für die Bedürfnisse des Gegenübers zeigst, wird sich der andere früher oder später bewegen. Er wird versuchen, mit dir gemeinsam eine Lösung zu finden. Meistens ergeben sich dann Lösungen und Wege, die vorher undenkbar erschienen oder noch nicht im Bereich des Möglichen lagen.

Eigensinniges Handeln, das darauf abzielt, im eigenen Sinne zu denken und zu handeln, ist entscheidend, um Grenzen setzen zu können und Überlastung zu vermeiden. Wir müssen uns darüber im Klaren sein, was wir wirklich wollen, und sorgfältig darüber nachdenken, wofür wir unsere begrenzte Energie einsetzen möchten. Es fällt vielen von uns schwer, eigensinnig zu handeln, da wir oft dazu neigen, uns anzupassen, aber es ist zentral, um die eigenen Bedürfnisse mit denen anderer auf Augenhöhe in Einklang zu bringen.

3.2 Eigensinn versus Egoismus

Eigensinn hat tatsächlich ein schlechtes Image in unserer Gesellschaft. Wenn jemand als eigensinnig bezeichnet wird, ist dies selten als Lob gemeint. Selbst in einem Vorstellungsgespräch würde kaum jemand als größte Stärke Eigensinn nennen. Personalverantwortliche würden wahrscheinlich im ersten Moment nicht viel Positives darin sehen. Doch warum ist das so?

Falsche Bewertung von Eigensinn

Die vermeintlichen Eigenschaften eigensinniger Menschen tragen sicherlich nicht dazu bei, dass sie in einem guten Licht erscheinen. Sie gelten als schwierig, unbequem, stur, dickköpfig, ungehorsam, trotzig, besserwisserisch, uneinsichtig – die Liste könnte noch weitergehen. Es ist kein Wunder, dass viele Menschen im ersten Moment zögern, sich selbst als eigensinnig zu bezeichnen. Wer möchte schon mit diesen negativen Konnotationen in Verbindung gebracht werden? Viele denken, dass eigensinniges Verhalten schnell mit Egoismus gleichgesetzt wird. Doch das ist ein Missverständnis. Eigensinn und Egoismus sind nicht das Gleiche.

Was Eigensinn von Egoismus unterscheidet

Eigensinn und Egoismus stehen in einem deutlichen Kontrast zueinander. Der eigensinnige Mensch kennt seine eigenen Werte und Grenzen, steht entschlossen für sie ein und respektiert gleichzeitig die Werte und Grenzen anderer.

Wenn jemand eigensinnig ist, artikuliert er seine Interessen klar und deutlich. Er weiß, was er will und was nicht. Dies bedeutet jedoch nicht, dass er rücksichtslos handelt. Im Gegensatz dazu definiert sich der Egoist ausschließlich über seine eigenen Werte und Grenzen, ohne Rücksicht auf die Bedürfnisse oder Grenzen anderer zu nehmen. Für ihn zählt nur der eigene Wille, der auf Teufel komm raus durchgesetzt wird, selbst wenn dies auf Kosten anderer geschieht.

Der Psychologe Heinz Ryborz beschreibt einen aggressiven, egoistischen Menschen als jemanden, der überlegen ist und andere herabsetzt, um seine Ziele zu erreichen. Seine Interessen und sein Wille werden ohne Rücksicht auf Verluste durchgesetzt, unabhängig davon, ob dabei andere verletzt werden. Der Egoismus wird im Duden als Ich-Bezogenheit oder Selbstsucht definiert. Für den Egoisten steht die Frage „Was bringt es mir?“ im Vordergrund, ohne dass die Bedürfnisse anderer eine Rolle spielen. Empathie und Solidarität sind für ihn Fremdwörter.

Eigene Bedürfnisse artikulieren

Im Gegensatz dazu setzt man sich als eigensinniger Mensch für seine eigenen Rechte und Interessen ein, ohne dabei die Rechte und Gefühle anderer zu verletzen. Ursula Nuber beschreibt in ihrem Buch „Eigensinn“ diesen Ansatz treffend: „Der eigensinnige Mensch respektiert sowohl seine eigenen Rechte als auch die Rechte anderer. Er drängt anderen nicht seine Meinung auf, sondern sorgt dafür, dass sie wissen, was er denkt, fühlt und wünscht. Es geht nicht darum, sich selbst über andere zu stellen, sondern darum, gleichermaßen Respekt und Achtung für sich selbst und für andere zu zeigen."

Frauen sind selten eigensinnig

Wie im vorangegangenen Kapitel erwähnt, ist es für viele von uns eine Herausforderung, eigensinnig zu handeln. Dies liegt zum einen daran, dass wir uns oft nicht bewusst sind, was unsere wahren Bedürfnisse sind. Zum anderen haben wir gelernt, uns anzupassen, häufig auf Kosten unserer eigenen Bedürfnisse. Dieses Phänomen betrifft besonders oft Frauen. Tara Mohr beschreibt in ihrem Buch „Playing Big. For Women Who Want to Speak Up, Stand Out and Lead" folgende Gründe für dieses Phänomen:

- Die Beziehungsorientierung vieler Frauen steht ihnen dabei im Weg, ihre Bedürfnisse in den Vordergrund zu stellen. Zwar kann diese Orientierung eine Stärke sein, jedoch führt die Angst, nicht dazuzugehören, oft dazu, dass wir uns lieber anpassen, als unsere eigene Stimme zu erheben. Die Priorisierung des Gemocht-Werdens über das sich Äußern ist eine gängige Dynamik, die viele Frauen erleben. Die Furcht vor Kritik, Ablehnung und Einsamkeit hemmt sie in ihrer Eigensinnigkeit.

- Frauen verfügen häufig über eine erhöhte Wahrnehmung der Reaktionen anderer. Diese Gabe ermöglicht es, alle möglichen Informationen über Stimmungen, zwischenmenschliche Dynamiken und verändertes Verhalten zu erfassen. Doch in manchen Fällen kann eine hohe emotionale Intelligenz auch dazu führen, dass Frauen mehr hineininterpretieren, als tatsächlich vorhanden ist. Dies wiederum verstärkt ihre Neigung, sich anzupassen, um negative Reaktionen zu vermeiden.

- Die Angst, persönlich angegriffen zu werden, kann ebenfalls ein Grund dafür sein, dass Frauen sich weniger eigensinnig verhalten. Diese Angst kann auf eigenen Erfahrungen beruhen oder durch Beobachtungen anderer entstehen. Der Begriff Eigensinnigkeit steht oft im Widerspruch zum Ideal des „braven Mädchens". Während es für Männer akzeptierter ist, eigensinnig zu sein, und dies sogar als Charakterstärke gilt, werden Frauen schnell als „bossy" oder „zickig" wahrgenommen, wenn sie sich ähnlich verhalten. Folglich ist eigensinniges Verhalten für Frauen in unserer Gesellschaft noch immer nicht gleichermaßen akzeptiert.

Die Gesellschaft betrachtet Eigensinn oft negativ und assoziiert ihn mit Egoismus. Doch Eigensinn unterscheidet sich grundlegend von egoistischem Verhalten. Während der Eigensinnige seine Interessen klar artikuliert und dabei auch die Rechte anderer respektiert, setzt der Egoist ausschließlich seinen eigenen Willen durch, ohne Rücksicht auf andere. Frauen vermeiden eigensinniges Verhalten oft, um nicht als egoistisch wahrgenommen zu werden, da die gesellschaftlichen Normen solche Handlungsweisen bei Frauen weit weniger akzeptieren.

3.3 Gewusst wie: Mehr Eigensinn entwickeln

In unserer hektischen Welt vergessen viele von uns oft, wie wichtig es ist, unseren eigenen gesunden Eigensinn zu pflegen. Gesunder Eigensinn bedeutet, für sich selbst einzustehen, eigene Entscheidungen zu treffen und authentisch zu leben – ohne sich ständig nach den Erwartungen anderer zu richten. Wie kannst du nun deinen gesunden Eigensinn stärken?

Sich selbst reflektieren

Du kannst damit beginnen, dir Zeit für dich zu nehmen und zu reflektieren. Versuche dabei herauszufinden, was du wirklich denkst und fühlst, anstatt dich nach anderen zu richten. Sei mutig und stehe zu deinen Gedanken, Gefühlen und Wünschen, auch wenn du damit aus der Reihe tanzt. In der Arbeit könnte das bedeuten, aktiv an Diskussionen teilzunehmen und deine kreativen Gedanken zu teilen, ohne Angst vor Ablehnung. In Beziehungen könnte es darum gehen, authentisch zu sein und offen über deine Bedürfnisse zu sprechen – auch wenn das manchmal unangenehm sein kann.

Eigensinn trainieren

Der Weg zu mehr gesundem Eigensinn ist kein Sprint, sondern eher ein Marathon. Es erfordert Selbstbewusstsein, Mut und vor allem Selbstakzeptanz. Indem wir uns bewusst machen, wer wir wirklich sind, und aktiv an uns arbeiten, können wir zu authentischeren und erfüllteren Menschen heranwachsen.

Deswegen mein Step-in-Tipp für dich: Fange langsam an, mehr Eigensinnigkeit zu entwickeln. Wie du damit loslegen kannst, zeige ich dir im Folgenden auf:

1. **Nimm dir (nur) eine Sache vor:** Fokussiere dich zunächst auf eine Sache bzw. Situation, in der du zukünftig eigensinniger auftreten willst, um deine mentale Belastung zu verringern. Versuche nicht, mehrere Probleme gleichzeitig zu lösen, da dies dazu führen kann, dass du dich überforderst und deine Belastung steigt. Wenn du dich auf eine Sache konzentrierst, kannst du viel leichter Fortschritte erkennen.

   Deswegen beginne damit, verschiedene Aktivitäten, Personen oder Situationen aufzuschreiben, die derzeit viel Energie von dir erfordern, von denen du dir wünscht, dass sich dies in Zukunft ändert. Wenn du darüber mehr Klarheit hast, entscheide dich für nur einen Punkt auf dieser Liste, den du angehen möchtest.

2. **Entwickle eine klare Vorstellung über deine bevorzugte Zukunft:** Nachdem du dich entschieden hast, dich auf eine einzige Sache zu konzentrieren, ist der nächste Schritt, eine klare Vorstellung davon zu entwickeln, wie dazu deine bevorzugte Zukunft aussehen könnte. Betrachte den ausgewählten Punkt auf deiner Liste und stelle dir vor, du wärst bereits deutlich eigensinniger und plötzlich wäre dieser Punkt wie durch ein Wunder kein Problem mehr. Was ist in dieser Vorstellung anders? Was bemerkst du? Was denkst und fühlst du? Welche Hand-

lungen ergreifst du? Und wie reagieren andere darauf? Welche Überraschungen könnten auftreten? Notiere all deine Gedanken und Impulse zu diesen Fragen in einem Notizbuch.

Wenn dir diese Übung schwerfällt, versuche dir vorzustellen, wie dein bestes Selbst mit diesem Punkt umgehen würde. Was würde es in dieser Situation (anders) tun? Wie gelingt ihm das?

Denke daran, dass dein bestes Selbst du bist, wenn du dich so verhältst, wie du gerne sein möchtest. Es handelt sich hier also um dein bestmögliches Selbst und nicht um eine utopische Wunschvorstellung.

3. **Denke nach vorne und entwickle Handlungsideen:** Denke nun über den nächsten Schritt nach, der dich deiner Vision näher bringt. Ein detaillierter Maßnahmenplan ist weder erforderlich noch hilfreich, denn sobald du die ersten Schritte unternimmst, wird sich dein Umfeld verändern – auf eine Weise, die du nicht vollständig vorhersehen kannst. Oft bewirken die ersten Schritte viel mehr, als du dir zu Beginn hättest vorstellen können. Sei offen für die Ergebnisse und sei neugierig darauf, was passiert, wenn du mehr Eigensinn zeigst.

Überforderung kommunizieren

Erinnerst du dich an den verantwortungsvollen Projektleiter aus Kapitel 1.3, der unter immensem Druck stand? Sein eigenes berufliches Fortkommen, der Erfolg seines Chefs und der Ruf der gesamten Abteilung hingen von diesem einen Projekt ab. Die plötzliche Krankmeldung zweier Seniors und ein wachsender Berg an zusätzlichen Aufgaben, darunter auch die Betreuung des Azubis, drohten ihm über den Kopf zu wachsen. Diesen Projektleiter plagte ein starkes schlechtes Gewissen, weil er das Gefühl hatte, niemandem gerecht zu werden. Er sehnte sich danach, dieses belastende Gefühl loszuwerden.

Also notierte er sich alle Punkte, die ihn in seiner aktuellen Situation herausforderten, und erkannte dabei, dass ihn besonders der Stress um den Azubi belastete, dem er sich nicht ausreichend widmen konnte. Im Sinne seiner bevorzugten Zukunft entschied er sich, für sich selbst einzustehen und aktiv das Gespräch mit seinem Team und dem Azubi zu suchen. Dabei erklärte er ehrlich, dass er momentan nicht mehr Zeit ermöglichen konnte. Gemeinsam mit dem Team fand er eine Lösung, wie der Azubi dennoch unterstützt werden konnte.

Positive Effekte durch Offenheit

Die Offenheit des Projektleiters überraschte das Team positiv und motivierte es dazu, ebenfalls offener bei eigenen Überlastungssituationen zu kommunizieren, was das Vertrauen im Team stärkte. Durch diese Maßnahme gelang es dem Projektleiter, sich von einem gewichtigen Stressfaktor zu entlasten und eine effektive Lösung sowohl für den Azubi als auch für sich selbst zu finden, wodurch sein mentaler Ballast deutlich reduziert wurde.

Gleichzeitig schuf er einen positiven Effekt für das gesamte Team, das nun motiviert war, konstruktiv mitzuarbeiten. Der Projektleiter stärkte die Werte, die er als Führungskraft leben wollte, und ermutigte andere, ebenfalls eigensinniger zu sein und für sich einzustehen. Klingt zu schön, um wahr zu sein? Es ist aber genauso passiert.

Wiederkehrende Fragen

Wenn ich in meiner Coachingpraxis mit meinen Coachees über das Thema Eigensinn spreche, begegnen mir immer wieder ähnliche Fragestellungen. Vielleicht hast du dir auch schon mal eine der folgenden Fragen gestellt:

Wie kann ich meine Bedürfnisse in einem unsicheren oder autoritären/hierarchisch geprägten Umfeld kommunizieren?

In einem unsicheren oder autoritär/hierarchisch geprägten Umfeld seine Bedürfnisse zu kommunizieren, erfordert eine bewusste, durchdachte Herangehensweise. Denn oft sind in solchen Kontexten politische Spielchen gang und gäbe. Es sollte also ein Weg gefunden werden, um für sich selbst einzustehen, ohne dabei die Spielregeln des Umfelds zu missachten oder die Mitspielenden zu unterschätzen.

Wer ist mein Gegenüber?

Deswegen überlege genau, wer deine Mitspieler sind. Was haben sie im Sinn? Was sind ihre Bedürfnisse und Belange? Mache dir auch bewusst, wie die Spielregeln funktionieren. Wer ist eng mit wem? Wo gab es schon mal ähnliche Fälle oder Situationen, die auf ihre Art erfolgreich gelöst wurden? Wie ist es ihnen in diesen Situationen gelungen? Was waren die Erfolgskriterien? Überlege dir darauf aufbauend deine

Kommunikationsstrategie und dein Auftreten. Vermeide dabei, auf stur zu schalten oder aggressiv aufzutreten, sondern versuche konstruktive Vorschläge einzubringen, die ihr miteinander diskutieren und verhandeln könnt.

Kompromiss nur beidseitig möglich

Dabei ist es im beruflichen Kontext oft hilfreich, darüber zu sprechen, unter welchen Bedingungen eine bessere Performance möglich ist. Allerdings ist die Voraussetzung für jede Verhandlung, dass beide Seiten an einer Lösung interessiert sind, mit der auch beide zufrieden sein können. Wenn dies nicht der Fall ist, können klare Grenzen und im Extremfall ein Exit die einzige Lösung sein.

Was tue ich, wenn eine Person in meinem engen Umfeld meine Energie raubt?

Wenn wir beginnen, mehr im Einklang mit unseren eigenen Bedürfnissen zu denken und zu handeln, ist es wichtig, auch unser Umfeld zu überprüfen. Wer in unserem Leben zieht uns Energie ab, bringt uns in den Survival-Modus, und wer gibt uns Energie?

Energieräuber meiden

Es ist entscheidend, die Zeit, die wir mit Energieräubern verbringen, zu minimieren und die Zeit mit Energiegebern zu maximieren. Studien zeigen deutlich, dass gute und gesunde Beziehungen zu einer höheren Lebenserwartung führen und die wichtigsten Quellen des Glücks im Leben sind. Im Umkehrschluss bedeutet das, dass Beziehungen, die uns Energie entziehen, uns krank machen und unsere Lebenserwartung verkürzen können. Daher ist es wichtig, ein Umfeld zu suchen, das uns stärkt und nährt.

Energiegeber werden

Und ebenso wichtig ist es, selbst für andere ein solches unterstützendes Umfeld zu sein. Aus diesem Grund: Gehe es an und sprich mit dieser Person. Wenn diese Person es gut mit dir meint, werdet ihr gewiss gemeinsam zu einer besseren Lösung der Situation kommen.

Was ist, wenn ich selbst das Problem bin?

Was ist, wenn ich mich unbewusst immer wieder selbst in die Überlastung hineinmanövriere und ohne jeglichen äußeren Druck meine Grenzen überschreite? Wenn ich beispielsweise immer wieder alles auf den letzten Drücker mache und mich so an (oder über) meine Belastungsgrenze bringe? Ich gebe zu, auch ich selbst ertappe mich immer wieder dabei, dass ich etwas erst kurz vor knapp angehe und mich anschließend dafür feiere, dass ich wieder einmal das Unmögliche möglich gemacht habe. Es ist ein gefährliches Muster, das ich mir da zu eigen gemacht habe.

Dauerbelastung vermeiden

Wenn man immer wieder erlebt, dass eine solche Arbeitsweise gewinnbringende Ergebnisse liefert und gleichzeitig so viele Glückshormone bei Zielerreichung ausschüttet, wird aus den stressigen Ausnahmen eine Gewohnheit. Die Dopaminausschüttung kann süchtig machen und dich gleichzeitig glauben lassen, dass du gar nicht anders kannst. Wenn solche Situationen aber keine Einzelfälle sind, sondern unser Alltag voller dringlicher Themen zu sein scheint, dann erschöpft uns eine solche Arbeitsweise langfristig und brennt uns aus. Denn dann sind wir durch ständiges Feuerlöschen im Survival-Modus festgefahren.

Läuft am Ende alles nur auf Kommunikation hinaus?

Ja! Am Ende kommt es tatsächlich immer auf Kommunikation an. Es geht darum, Bedürfnisse zu kommunizieren und gemeinsam Lösungen zu finden, anstatt sich wieder unbemerkt anzupassen oder egoistisch alles nach eigenem Gutdünken durchzusetzen. Es geht um eine Art Verhandlung, bei der Gedanken ausgetauscht und gemeinsame Lösungen erarbeitet werden.

Gedanken teilen mindert Mental Load

Ein positiver Nebeneffekt ist: Der Mental Load wird erhöht, wenn man versucht, alles allein zu bewältigen, doch das Teilen von Gedanken kann die Belastung deutlich verringern. In Gesprächen mit anderen kann man erkennen, dass man sich vielleicht in eine Sackgasse manövriert hat, und sie können einem den Druck nehmen, den man sich selbst auferlegt hat.

Eigensinniges Handeln ist entscheidend, um Grenzen zu setzen und Überlastung zu vermeiden.

- Es fällt vielen schwer, eigensinnig zu handeln, da wir uns oft anpassen und die Erwartungen anderer erfüllen wollen.
- Doch gesunder Eigensinn bedeutet, für sich selbst einzustehen und authentisch zu leben, ohne uns ständig nach den Erwartungen anderer zu richten.
- Um unseren gesunden Eigensinn zu stärken, müssen wir uns unserer eigenen Bedürfnisse bewusst sein und mutig zu unseren Gedanken, Gefühlen und Wünschen stehen.
- Kommunikation ist wichtig! Das Teilen von Gedanken mit Menschen in unserem Umfeld hilft uns dabei, unseren Mental Load deutlich zu reduzieren.

Wie kann man negative Glaubenssätze in positive Überzeugungen umwandeln?

Seite 68

Wie kann man mehr Zutrauen in andere entwickeln?

Seite 73

Wie kann man im Gespräch erfolgreich Hilfe zur Selbsthilfe geben?

Seite 81

4. Step aside: Wie du noch mehr Gelassenheit entwickelst

„Gelassener wirst du, indem du mehr (geschehen) lässt."

Eigensinn spielt eine entscheidende Rolle, wenn es darum geht, unseren Bedürfnissen, Wünschen und Energieressourcen Gehör zu verschaffen. Er befähigt uns, Grenzen zu setzen, und unterstützt uns dabei, weniger in Belastungszustände zu geraten. Doch wie bereits im vorangegangenen Kapitel angedeutet, kann Eigensinn nur dann effektiv sein, wenn wir uns unserer eigenen Bedürfnisse bewusst sind. Zunächst müssen wir diese also identifizieren und die inneren Überzeugungen beseitigen, die uns immer wieder dazu verleitet haben, unsere Grenzen zu überschreiten und in einen Zustand mentaler Überlastung zu geraten. Ich bin nicht gut genug – Nur wenn ich es selbst mache, wird es gut – Ich darf anderen nicht zur Last fallen … die Liste an hinderlichen Glaubenssätzen, die wir alle in uns tragen können, ist endlos lang. Diese negativen Überzeugungen führen uns oft in Denk- und Verhaltensmuster, die uns immer wieder in den Überlebensmodus drängen. Daher ist der Schlüssel zu nachhaltiger Gelassenheit die Fähigkeit, einen Schritt zur Seite zu treten – step aside –, unsere inneren Überzeugungen zu hinterfragen und an ihnen zu arbeiten. Das gehen wir nun in diesem Kapitel gemeinsam an.

4.1 Hilfreiche Überzeugungen für mehr innere Gelassenheit

Innere Überzeugungen, ob positiv oder negativ, formen unsere Wahrnehmung von uns selbst und der Welt um uns herum. Häufig tragen wir hinderliche Glaubenssätze mit uns herum, die uns davon abhalten, unser volles Potenzial auszuschöpfen und innere Gelassenheit zu entwickeln. Diese negativen Überzeugungen beeinflussen nicht nur unser Selbstbild, sondern auch unsere Beziehungen und unser Wohlbefinden.

Einige der **häufigsten hinderlichen Glaubenssätze** sind:

- Ich bin nicht gut genug.
- Die Extra-Meile ist ein Muss.
- Ich muss alles alleine schaffen.
- Nur wenn ich's selber mache, ist es gut genug.
- Ich kann niemandem trauen.
- Ich darf anderen nicht zur Last fallen.
- Nur wenn ich etwas leiste, werde ich geliebt oder bin liebenswert.
- Wenn es leichtfällt, ist es keine Arbeit!
- Andere wollen mich immer nur ausnutzen.
- Ich darf keine Fehler machen.
- Anerkennung muss ich mir verdienen.
- Auch der kleinste Fehler macht das Ganze kaputt.
- Das gehört sich nicht. Was sollen denn andere denken?
- Bloß keine Schwäche zeigen.

- Emotionen sind unprofessionell.
- Ich darf mich nicht in den Mittelpunkt stellen / mich selbst nicht so wichtig nehmen.

Diese negativen Glaubenssätze führen dazu, dass wir überhöhte Ansprüche an uns selbst stellen und uns oft in Denk- und Verhaltensmuster verstricken, die uns belasten und in den Survival-Modus versetzen. Doch es gibt einen Weg heraus aus diesem Teufelskreis: Wir müssen lernen, Schritt für Schritt ein positiveres Selbstbild zu entwickeln, um nachhaltig mehr Gelassenheit zu erlangen.

Wie können wir das erreichen? Hier folgen **fünf Schritte**, die uns dabei helfen können:

1. Erkennen der eigenen negativen Gedanken

Beginne damit, dir bewusst zu werden, welche negativen Gedanken in dir vorherrschen. Gehe die obige Liste durch und frage dich, was du über dich selbst denkst, besonders in stressigen Situationen. Identifiziere die negativen Glaubenssätze, die dich beeinflussen, wie zum Beispiel „Ich bin nicht gut genug“ oder „Ich darf anderen nicht zur Last fallen“. Schreibe diese Sätze auf.

2. Analyse der Ursprünge dieser Gedanken

Hinter jeder Überzeugung steckt immer auch etwas Wahrheit. Diese Überzeugung hat dich schon mal vor etwas beschützt und war in der Vergangenheit möglicherweise hilfreich, um schwierige Situationen zu bewältigen oder Beziehungen zu stabilisieren. Betrachte jeden einzelnen Satz. Wann war dieser Satz in deiner Vergangenheit schon mal nützlich? Vor was hat dich dieser Satz schon mal bewahrt? Du hast dir diese Überzeugung aus guten Gründen angeeignet. Was genau waren diese Gründe? Analysiere genauer, in welchen Situationen die hinderlichen Glaubenssätze entstanden sind und welchen Zweck sie erfüllten. Verstehe, warum du bisher an ihnen festgehalten hast.

3. Überprüfung und Neuformulierung der Glaubenssätze
Frage dich, ob die hinderlichen Glaubenssätze heute noch gültig sind und welchen Vorteil du davon hast, an ihnen festzuhalten. Überprüfe die Glaubenssätze anhand der aktuellen Realität und hinterfrage ihre Berechtigung. Ersetze die hinderlichen Glaubenssätze durch hilfreiche Überzeugungen, indem du sie so formulierst, dass sie für dich glaubwürdig und erreichbar sind. Zu radikal formuliert wird der Glaubenssatz unrealistisch und du wirst ihn dementsprechend nicht verinnerlichen können. Zum Beispiel kannst du aus „Ich bin kein Experte in diesem Bereich" die positive Überzeugung „Ich bin noch nicht der Experte in diesem Bereich, der ich gern sein möchte, aber mit der Expertise, die ich habe, kann ich die passenden Spezialisten dazuholen, wenn nötig" entwickeln.

4. Festigung der neuen Überzeugungen
Schreibe die neuen hilfreichen Überzeugungen auf und visualisiere sie. Teile sie mit anderen und mache neue Erfahrungen, wenn du dein Verhalten bewusst aus einer neu

gewonnenen Haltung heraus angepasst hast. Am besten schreibst du diese Erfahrungen auf, um gleich neue Fakten für die Bestätigung der neuen Glaubenssätze zu sammeln.

5. Geduldige Umsetzung und schrittweises Vorgehen

Der erste Schritt ist getan. Nun braucht es Geduld. Denn einige dieser hinderlichen Glaubenssätze trägst du schon seit Jahren mit dir herum, vielleicht sogar seit deiner frühen Kindheit. Sie loszulassen, ist nicht so einfach über Nacht getan. Das dauert und wird dir nicht von Anhieb gleich in allen Bereichen gelingen. Auch Rückschläge werden dich treffen. Das ist vollkommen normal. Die Veränderung von negativen Glaubenssätzen braucht Zeit und Übung. Kleine Schritte führen zum Ziel, und du darfst dir erlauben, neue Erfahrungen zu machen und aus ihnen zu lernen.

Veränderung macht Arbeit

Die Auseinandersetzung mit den eigenen inneren Überzeugungen ist nicht immer einfach. Es fordert uns auf eine Art und Weise heraus, die viel Energie kostet. Es gibt also einen guten Grund, warum wir tendenziell bisher vermieden haben, uns diesen Überzeugungen zu stellen. Wenn uns aber die mentale Belastung in einer Abwärtsspirale immer tiefer in ein Gefühl des Ausgebrannt-Seins zieht, lohnt sich der Blick auf die inneren Überzeugungen.

Positive Glaubenssätze

Falls du als Starthilfe ein paar Anregungen für die klare Formulierung deiner neuen hilfreichen Überzeugungen brauchst, habe ich hier ein paar allgemeiner formulierte positive Glaubenssätze für dich:

- Die Extra-Meile ist eine Wahl, die ich treffen kann, aber nicht eine, die ich immer gehen muss.
- Ich bin mehr als das Ergebnis meiner Arbeit; meine Wertigkeit liegt in meiner Existenz.
- Der Mensch ist im Grunde gut. Ich kann anderen vertrauen und mich darauf verlassen, dass sie unterstützend und wohlwollend sind.
- Es ist in Ordnung, um Hilfe zu bitten und gemeinsam mit anderen Herausforderungen anzugehen. Das machen auch viele andere erfolgreiche Personen.
- Es ist menschlich, Unterstützung anzunehmen und anderen Gelegenheiten zu geben, für mich da zu sein.
- Es ist mutig und authentisch, meine Schwächen zu zeigen und um Unterstützung zu bitten.
- Zusammenarbeit und Delegieren führen zu besseren Ergebnissen und sind genauso wertvoll wie das Selbstmachen.
- Arbeit kann auch Spaß machen und leicht sein, und das mindert nicht ihren Wert oder ihre Bedeutung.
- Fehler sind Lernerfahrungen, die mir helfen, zu wachsen und mich weiterzuentwickeln.
- Kleine Fehler sind menschlich und beeinträchtigen nicht die Gesamtheit meiner Bemühungen.
- Anerkennung ist schön, aber ich erkenne meinen eigenen Wert unabhängig von äußerer Bestätigung.
- Was ich tue, entspricht meinen Werten und Bedürfnissen, unabhängig von den Meinungen anderer.

- Ich bin wichtig und es ist in Ordnung, mich selbst wertzuschätzen und meine Bedürfnisse zu priorisieren.
- Emotionen sind menschlich und eine natürliche Reaktion auf mein Umfeld; sie machen mich nicht weniger professionell.
- Meine Sensibilität ist eine Stärke, die es mir ermöglicht, mitfühlend und einfühlsam zu sein.

Unsere inneren Überzeugungen prägen unsere Selbstwahrnehmung, beeinflussen Beziehungen und unser Wohlbefinden. Häufig tragen wir Glaubenssätze mit uns herum, die uns daran hindern, unser volles Potenzial zu entfalten, und uns immer wieder in die Survival-Zone drängen. Durch das Erkennen, Analysieren und Neuformulieren dieser Glaubenssätze können wir Schritt für Schritt ein positiveres Selbstbild entwickeln und mehr innere Gelassenheit erlangen. Dieser Prozess erfordert Geduld und eine schrittweise Umsetzung, um langfristig positive Veränderungen zu bewirken.

4.2 Mehr Zutrauen macht's möglich

Immer wenn wir im Coaching an den inneren Überzeugungen arbeiten und es schaffen, sie so neu zu formulieren, dass sie für die Person passen, ist es unglaublich, was danach geschieht: Der Knoten löst sich auf. Der Knoten, der an vielen unterschiedlichen Stellen zu Spannungen geführt hat, entspannt sich. Plötzlich wird den Coachees deutlich klarer, wie sie in bestimmten Situationen sehr bewusst anders agieren wollen, und sie fangen an, sich selbst wieder als wirksam zu erleben. Noch etwas anderes Besonderes passiert: Sie strahlen mich voller Selbstvertrauen an. Sie trauen sich wieder mehr zu, selbstbestimmt ihre Herausforderungen anzugehen, und sind deutlich gelassener.

Mehr Zutrauen in uns selbst und in andere

Negative Glaubenssätze sind oft nur das Symptom eines tiefer liegenden Mangels an Selbstvertrauen. Es ist dieser fehlende Glaube an uns selbst, der uns daran hindert, die Türen zu einem optimistischeren Blick auf die Welt zu öffnen. Wenn wir anfangen, uns mehr zuzutrauen, fällt es uns deutlich leichter, hilfreiche Überzeugungen für mehr Gelassenheit zu entwickeln. Das gilt aber nicht nur für mehr Zutrauen in uns selbst, sondern auch im Hinblick auf unser Umfeld. Schau mal genauer hin: Was traust du eigentlich wirklich nahestehenden Personen in deinem Umfeld zu?

Die transformative Kraft des Zutrauens

Lass uns ein kleines Experiment machen: Stelle dir vor, du würdest plötzlich, von jetzt auf gleich, für drei Wochen ausfallen. Du bist unerreichbar. Was würde passieren?

Als ich diese Frage im Coaching einer Geschäftsführerin gestellt habe, hatte sie sofort Panik in den Augen und sagte: „In der Firma würde alles im Chaos versinken. Keiner wüsste, was zu tun wäre. {Pause} Aber wenn ich kurz darüber nachdenke, würden wahrscheinlich zwei schon wissen, was sie tun sollten. Aber der Rest wüsste es nicht. Denen traue ich das nicht zu.“ Diese Erkenntnis saß. Sie traute ihren

Mitarbeitenden nicht zu, dass sie eigenverantwortlich arbeiten konnten. Entsprechend hatte sie sie auch immer geführt. Sie wollte immer im Loop sein, ohne ihnen je Raum zu geben, eigene Lösungsvorschläge zu erarbeiten und so mehr Eigenverantwortung zu übernehmen. Ihr fehlendes Zutrauen in ihre eigenen Mitarbeitenden hatte dazu geführt, dass diese bei jeder kleinen Unsicherheit mit Fragen auf die Geschäftsführerin zugingen und ihre Entscheidungen abwarteten, anstatt selbst aktiv zu werden. Die Geschäftsführerin hatte sich so immer mehr zum Flaschenhals der Firma entwickelt. Alles hing an ihr, nichts ging vorwärts ohne sie. Als ihr das klar wurde, wusste sie, dass sie an ihren Überzeugungen über ihre Mitarbeitenden arbeiten musste. Wenn sie nicht mehr der Flaschenhals sein und ihr eigenes Stressempfinden deutlich entspannen wollte, musste sie anfangen, zukünftig anders zu führen: mit mehr Zutrauen.

Ein Beispiel aus dem Familienleben

Nicht nur in der Arbeitswelt finden sich solche Beispiele, sondern auch in vielen anderen Bereichen. Kürzlich hatte ich ein Gespräch dazu mit der Mutter einer zweijährigen Tochter. Sie wünschte sich, dass ihr Mann in der Früh regelmäßig die Tochter für den Kindergarten fertig machte, sodass sich für die gesamte Familie der Morgen deutlich entspannen würde. Doch leider funktionierte es aus ihrer Sicht bisher nicht gut. Sie hatte ihrem Mann eigentlich zugetraut, dass er die Tochter morgens anziehen könne (er schaffte es ja auch, sich selbst anzuziehen), aber wenn er das Kind anzog, dann passte einfach nichts farblich zusammen. Das Mädchen sah dann in ihren Augen immer unmöglich aus. Deswegen hatte sie das Anziehen wieder selbst übernommen. Der gelassenere Morgen für alle schien erst einmal Geschichte zu sein. Ihre bisherige Erkenntnis aus dieser Situation war, dass nur sie selbst die Aufgabe auf die richtige Art und Weise erledigen konnte. Die alte, hinderliche Überzeugung wurde durch diese Erfahrung wieder genährt. Als ihr im Gespräch immer deutlicher wurde, dass sie diese Überzeugung sehr stark verinnerlicht hatte und sie dadurch nicht nur sich selbst unter Druck setzte, sondern auch von anderen immer Perfektion erwartete, ist ihr Knoten geplatzt. Sie hatte aus den Augen verloren, was eigentlich das Wesentliche in dieser Situation war: Das Kind war, dem Wetter angemessen, pünktlich angezogen! Es hatte dabei sogar noch eine schöne Papa-Tochter-Erfahrung, denn beide hatten hörbar Spaß beim gemeinsamen Anziehen. In der Zwischenzeit konnte die Mutter entspannt ihren Cappuccino in der Küche trinken, um anschließend mit der Kleinen zum Kindergarten aufzubrechen. Es war also alles gut genug, nur nicht perfekt – was aber auch gar nicht nötig war. Mit dieser Erkenntnis im Gepäck suchte sie das Gespräch mit ihrem Mann, entschuldigte sich und fand mit ihm zusammen einen neuen Zugang zu diesem Thema.

Mehr Zutrauen in andere entwickeln

Anderen wirklich mehr Zutrauen zu schenken und dieses Zutrauens-Geschenk nicht zu einem späteren Zeitpunkt wieder zurückzunehmen, ist gar nicht so leicht. Dabei ist es ein absoluter Game Changer, um seinen eigenen Mental

Load zu reduzieren und so mehr Gelassenheit zu entwickeln. Um mehr Zutrauen in andere setzen und aufrechterhalten zu können, können dir folgende drei Schritte helfen:

Schritt 1: Sich des eigenen bisherigen Levels an Zutrauen bewusst werden

In den vorangegangenen Beispielen haben wir uns bereits mit deinem bisherigen Level an Zutrauen auseinandergesetzt. Die tiefer gehende Reflexion, wie viel ich wirklich bis zu welchem Grad meinem Umfeld zutraue, ist der erste Schritt. Traue ich meinem Mann eine Care-Aufgabe wirklich zu? Traue ich meiner Mitarbeiterin Aufgabe x wirklich zu? Traue ich mir selbst zu, hier loszulassen? Versuche, so ehrlich wie möglich zu dir selbst zu sein und zu verstehen, ob du tatsächlich begründete Zweifel oder einfach noch nicht zugelassen hast, dass andere die Aufgabe übernehmen.

Schritt 2: Sich der Kraft von Zutrauen bewusst werden, wenn man auf andere zugeht

J. Sterling Livingston, ehemaliger Universitätsprofessor an der Harvard University, hat bereits in den 70er-Jahren spannende Untersuchungen zum Thema Zutrauen und dem sogenannten Pygmalion-Effekt im Management veröffentlicht. Dieser besagt, dass unsere Überzeugungen über andere ihre Leistung und ihren beruflichen Erfolg wesentlich beeinflussen. Wenn eine Führungskraft davon überzeugt ist, dass die Menschen in ihrem Team erstklassig sind, werden sie zuverlässig besser abschneiden als ein Team, deren Führungskraft vom Gegenteil überzeugt ist – selbst wenn das Talent der beiden Gruppen ähnlich verteilt ist. Eine weitere Erkenntnis aus den Studien ist, dass Mitarbeitende erstaunlicherweise genau das machen, was von ihnen erwartet wird. Wenn wir viel von ihnen erwarten, werden sie auch mehr leisten. Wenn es wenig ist, werden sie auch weniger leisten – ganz im Sinne einer selbsterfüllenden Prophezeiung. Das trifft nicht nur auf den Arbeitskontext zu, sondern gilt für viele Lebensbereiche.

Deswegen ist es an dieser Stelle zentral, zwei Dinge zu verändern:

1. Wir sollten die Erwartungen an andere in unserem Umfeld deutlich höherschrauben und
2. ihnen voller Zuversicht auch zutrauen, diese Erwartungen zu erfüllen.

Wenn wir es schaffen, diese zwei Punkte in die Tat umzusetzen, schaffen wir in dieser Kombination neue selbsterfüllende Prophezeiungen, die auf diese Weise unseren eigenen Mental Load reduzieren und uns gelassener werden lassen. Fällt es dir allerdings noch schwer, diesen Zutrauensvorschuss zu gewähren, hilft dir vielleicht folgender Gedanke: Stelle dir vor, du schluckst eine Zutrauenstablette und kannst gar nicht mehr anders, als zuzutrauen, solange die Tablette wirkt. Immer wenn du merkst, dass das Zutrauen dich verlässt, obwohl du eigentlich gerne mehr zutrauen wollen würdest, erinnere dich daran und schlucke geistig die Zutrauenstablette. Vielleicht gelingt es dir dann im ersten Moment etwas leichter.

Schritt 3: Mit mehr Zutrauen im Alltag anders mit anderen interagieren

Nun geht es darum, im täglichen Handeln zu zeigen, dass wir wirklich, wirklich anderen (und auch uns) mehr zutrauen als bisher. Das gelingt uns, wenn wir drei Punkte beachten:

1. **Unsere Kommunikation:** Es ist wichtig, dass wir explizit werden und gegenüber anderen unser Zutrauen und unsere Erwartungen auch wirklich klar an- und aussprechen. „Das erwarte ich und weiß, du kannst das erreichen" sollte dabei nicht nur einmal gesagt werden, sondern immer wieder. Es reicht nicht, nur einmal dieses Lippenbekenntnis zu machen, sondern es braucht einen regelmäßigen Austausch, bei dem diese Aussage immer wieder bekräftigt wird.
2. **Neue Handlungsspielräume:** Noch wirksamer ist es, wenn wir echte Möglichkeiten und Situationen schaffen, wo wir beweisen können, dass wir wirklich mehr zutrauen. Es braucht kleine Experimente, die die Selbstwirksamkeit des anderen stärken und ihn Sicherheit entwickeln lassen. Etwa wenn man im Arbeitskontext bei bestimmten Meetings nicht mehr mit dabei ist, weil man es dem Mitarbeitenden zutraut, auch ohne „Aufsicht" zu guten Ergebnissen zu kommen. Im Familienkontext könnte es beispielsweise bedeuten, dass man Teile des Wäschemanagements (z. B. Wäsche waschen, bügeln, zusammenlegen und wieder in die Schränke räumen) komplett in die Hand des anderen übergibt, ohne einen (idealen) Prozess vorzuschreiben. Wenn wir diese neuen

Handlungsspielräume schaffen, sollten es Optionen sein, die uns wie auch das Gegenüber aber auch nicht gleich im ersten Schritt überfordern. Es sollte nicht das Gefühl entstehen, ins eiskalte Wasser geworfen und so auf die Probe gestellt zu werden. Deswegen überlege dir, was kleine Aufgaben sein können, womit ihr euch beide herantastet. Behalte eine wohlwollende Haltung, sprich weiterhin dein zuversichtliches Zutrauen aus und bleibe im Austausch. So schaffst du Möglichkeiten, an denen ihr gemeinsam wachsen könnt.

3. **Aushalten lernen:** Eine Veränderung kann nur stattfinden, wenn wir auch die anderen in der Situation sich ausprobieren lassen, anstatt korrigierend einzugreifen. Nur zu gerne stehen wir gleich mit Rat und Tat zur Seite und übernehmen schnell wieder das Ruder, wenn es nicht gleich funktioniert oder nach unseren Vorstellungen abläuft. Das aufblühende Zutrauen wird so sofort im Keim erstickt. Wichtig ist hierbei also, sich selbst immer vor Augen zu führen, dass der eigene Ansatz meistens nicht der einzig gültige ist. Es geht eher darum, diesen Zustand auszuhalten und nicht als Retter in die Situation hineinzuspringen, sondern das Gegenüber wohlwollend zu begleiten und Hilfe zur Selbsthilfe anzubieten. Wenn du wirklich im starken, inneren Zutrauen bist, dass das Gegenüber es wirklich selbst schaffen kann (wie im ersten Punkt beteuert), dann erinnere dich an dieser Stelle wieder daran und bleibe dabei.

Mehr Zutrauen ermöglicht einen optimistischeren Blick auf uns selbst und unser Umfeld, indem wir bewusst unsere negativen Glaubenssätze überwinden und anderen mehr Zutrauen schenken. Durch klare Kommunikation, neue Handlungsspielräume und Begleitung statt direktes Eingreifen können wir täglich daran arbeiten, ein Umfeld des Zutrauens und der Selbstwirksamkeit zu schaffen. Dies ermöglicht nicht nur persönliches Wachstum, sondern auch eine positive Veränderung in unseren Beziehungen und Arbeitsumgebungen.

4.3 Hilfe zur Selbsthilfe: Ein kleiner Gesprächsleitfaden

Gelassener wirst du, wenn du dir und anderen deutlich mehr zutraust als bisher und dadurch ganz viel mehr (geschehen) lässt. Dies ist nicht immer einfach, vor allem, wenn das Gegenüber sich selbst noch nicht in der Lage sieht, ohne deinen Ratschlag oder dein Zutun einen Schritt weiterzukommen. Dies auszuhalten und gleichzeitig dennoch nützliche Hilfestellung zu bieten, kann gelingen, wenn du im Gespräch mit deinem Gegenüber darauf achtest, ausschließlich Fragen zu stellen statt Ideen, Gedanken oder Erfahrungen zu teilen.

The Coaching Habit

Michael Bungay Stanier hat in seinem Buch „The Coaching Habit“ einen Gesprächsleitfaden entwickelt, mit dessen Hilfe es deutlich leichter gelingen kann, andere auf ihrem

Weg zu coachen, statt zu beraten. Folgenden Gesprächsleitfaden schlägt er darin vor (ins Deutsche übersetzt):

1. Die Frage zu Beginn: Was beschäftigt dich?
2. Die Explorations-Frage: Was noch?
3. Die Fokus-Frage: Was ist die eigentliche Herausforderung für dich?
4. Die Grundlagen-Frage: Was möchtest du?
5. Die Bequemlichkeits-Frage: Wie kann ich helfen?
6. Die Strategie-Frage: Wenn du das machen willst, wozu sagst du dann Nein?
7. Die Lern-Frage: Was war für dich am nützlichsten?

Dieser Gesprächsleitfaden kann sehr hilfreich sein, wenn wir in einem Gespräch gemeinsam mit unserem Gegenüber Lösungsoptionen erarbeiten wollen, ohne selbst mit unseren Ideen und Vorstellungen das Gespräch zu sehr zu leiten oder zu dominieren.

Handlungskompetenz und Selbstwirksamkeit

Deswegen mein Step-aside-Tipp für dich: Mache dir diesen Gesprächsleitfaden zu eigen und führe bewusst entlang dieser Fragen dein nächstes Gespräch, in dem du mehr zutrauen willst statt mit Rat und Tat zur Seite zu stehen. Dann hat das Gegenüber eine faire Chance, sich der eigenen Gedanken und Ziele klar und bewusst zu werden, die Eigenverantwortung und die Selbstreflexion werden gefördert und gleichzeitig wird zur Selbstständigkeit und Lösungsfindung ermutigt. Das Selbstbewusstsein und Selbstvertrauen steigt, Handlungskompetenz und Selbstwirksamkeit werden weiterentwickelt, sodass das persönliche Wachstum gefördert wird. Auch kann sich durch eine solche Gesprächsführung die zwischenmenschliche Beziehung deutlich durch die verstärkte Kommunikation und Empathie verbessern.

Der Gesprächsleitfaden in der Praxis

Wie könnte ein Gespräch anhand dieses Leitfadens konkret aussehen? Lass uns diesen Gesprächsleitfaden für das obige Beispiel aus dem Familienalltag anwenden, wo die Mutter sich wünscht, dass der Vater die Tochter morgens regelmäßig anzieht. Sie hat nun ihrem Mann voller Zutrauen wieder das Anziehen überlassen, beobachtet aber, dass – obwohl es eigentlich ganz gut funktioniert – der Vater selbst nicht wirklich zufrieden scheint. Das Gespräch könnte wie folgt aussehen:

Mutter: „Schatz, ist alles in Ordnung? Ich mache mir ein paar Gedanken über das Anziehen am Morgen. Ich habe bemerkt, dass es zwar funktioniert, wenn du unsere Tochter anziehst, aber irgendwie wirkst du nicht ganz zufrieden dabei. **Was ist los?**"

Vater: „Es ist nichts Ernstes, ich weiß nicht, ich fühle mich einfach manchmal unsicher, ob ich es richtig mache."

Mutter: „Verstehe. **Ist sonst noch was?**"

Vater: „Ich merke auch, dass ich beim Anziehen oft nicht so richtig anwesend bin. Meine Gedanken kreisen schon um die Arbeit und den ersten Termin im Büro. Und das, obwohl ich doch eigentlich dieses kleine Ritual viel mehr genießen wollte."

Mutter: „Hm. Nachvollziehbar. **Ist sonst noch was?**"

Vater: „Ach, eigentlich nicht. Ich weiß auch nicht. Ich habe mir das irgendwie alles leichter vorgestellt."

Mutter: **„Was genau macht es für dich so herausfordernd?"**

Vater: „Nun ja, ich möchte es einfach richtig machen, aber manchmal fühle ich mich überfordert mit allem. Das fängt ja schon mal damit an, ob ich das Richtige zum Anziehen heraussuche. Mit fällt es wirklich schwer, im Schrank Sachen zu finden, die wirklich zusammenpassen."

Mutter: „Das kann ich verstehen. **Wie würdest du dir denn stattdessen wünschen,** dass es abläuft?"

Vater: „Vielleicht wäre es hilfreich, wenn du mir dabei helfen würdest, die Kleidung rauszulegen, die sie anziehen soll. Dann hätte ich zumindest eine Orientierung."

Mutter: „Das wäre eine Idee. **Was könnte noch eine Idee sein?**"

Vater: „Vielleicht könnten wir auch gemeinsam den Schrank anders sortieren, damit ich mich besser orientieren kann."

Mutter: „Guter Punkt. Vielleicht ist er tatsächlich zu sehr nach meinen Bedürfnissen sortiert und du findest deshalb nicht immer auf Anhieb das Passende. **Wie kann ich dir dabei helfen**, dass der Schrank für dich übersichtlicher sortiert ist?"

Vater: „Lass mich mal mit Umsortieren anfangen und ich hole dich dann dazu, wenn ich dich brauche, okay?"

Mutter: „Klar, mach ruhig. Wenn du mich brauchst, helfe ich gerne. **Wann willst du das machen? Dann müssen wahrscheinlich andere Themen warten, oder?**"

Vater: „Ich mache das gleich am Samstagmorgen vor dem Fußballtraining. Dann fahre ich halt erst die Woche darauf zum Wertstoffhof. Das ist ja auch kein Problem."

Mutter: „Das stimmt. Ich finde es klasse, dass du mir das gesagt hast und mit mir darüber gesprochen hast. **Was war denn für dich gerade am nützlichsten?**"

Vater: „Zu erleben, dass ich mit dir darüber sprechen kann und du mir nicht gleich vorschreibst, wie ich es besser machen kann. Ich weiß, das fällt dir nicht leicht. Das schätze ich sehr. Danke, mein Schatz."

Mutter: „**Ich bin mir sicher, dass du das schaffen wirst**, weil ich weiß, dass du es wirklich willst. Auf deine eigene Art und Weise. Meine Art ist auch nicht perfekt. Hauptsache ist, dass du mehr Freude daran hast. Ich weiß, dass dir die

Zeit mit unserer Tochter am Morgen wichtig ist. **Das wird, da bin ich sehr zuversichtlich.**“

Nachdem sie sich ausführlich über ihre Gefühle und Herausforderungen ausgetauscht hatten, spürten beide eine neue Verbundenheit und Entschlossenheit, ihre gemeinsamen Aufgaben als Eltern zu meistern. Der Dialog hatte nicht nur dazu beigetragen, die Hindernisse beim morgendlichen Anziehen ihrer Tochter zu identifizieren, sondern auch eine Atmosphäre des Verständnisses und der Zusammenarbeit geschaffen.

Erfolgskriterien für das bestärkende Gespräch:

1. **Offene Fragen stellen:** Die Mutter eröffnete das Gespräch mit offenen Fragen, die es dem Vater ermöglichten, seine Gedanken und Gefühle auszudrücken.
2. **Geduldig sein und den Impuls aushalten, sofort mit Ratschlägen zu helfen:** Die Mutter hielt sich zurück, sofort mit Lösungsvorschlägen zu kommen, sondern hörte geduldig zu und ließ den Vater seine eigenen Gedanken entwickeln.
3. **Eigensinnig denken und handeln:** Die Mutter akzeptierte, dass der Vater darum bat, dass sie die passende Kleidung für ihre Tochter herauslegt, und respektierte gleichzeitig ihre eigenen Bedürfnisse, indem sie nach alternativen Lösungsansätzen fragte.
4. **Offene Kommunikation und Empathie:** Die Mutter zeigte Verständnis für die Herausforderungen des Vaters und ging einfühlsam auf seine Gefühle ein, was dazu beitrug, eine unterstützende Atmosphäre zu schaffen.

5. **Aktives Zuhören und kollaborative Lösungsfindung:** Die Mutter hörte aufmerksam zu und arbeitete gemeinsam mit dem Vater daran, Lösungen zu finden, die für beide Seiten funktionieren.
6. **Unterstützung und Empowerment:** Die Mutter ermutigte den Vater, seine eigenen Entscheidungen zu treffen, und bot ihre Hilfe an, ohne ihn zu bevormunden.
7. **Positive Verstärkung:** Die Mutter lobte den Vater für seine Offenheit und zeigte Wertschätzung für seine Bemühungen, was dazu beitrug, sein Selbstvertrauen zu stärken und ihre Beziehung zu festigen.

Die Überwindung hinderlicher Glaubenssätze führt zu einem positiveren Selbstbild und innerer Gelassenheit, was durch Geduld und schrittweise Umsetzung erreicht werden kann.

- Mehr Zutrauen ermöglicht eine optimistischere Sichtweise auf sich und andere, während klare Kommunikation und Begleitung zur Schaffung eines Umfelds des Vertrauens beitragen.
- Durch das Vertrauen in die Fähigkeiten anderer und die Bereitschaft, sie selbst Lösungen finden zu lassen, wird die Selbstwirksamkeit gestärkt und Eigenverantwortung gefördert.
- Der vorgeschlagene Gesprächsleitfaden aus „The Coaching Habit“ bietet eine strukturierte Methode, um andere zu coachen und sie dabei zu unterstützen, ihre eigenen Gedanken und Ziele zu klären und Lösungen zu finden. Eine solche Gesprächsführung fördert die Kommunikation und Empathie, stärkt das Selbstbewusstsein und Selbstvertrauen und verbessert die Beziehungen zwischen den Gesprächspartnern.

Fazit: Mental Load ist keine Mission Impossible

Den eigenen Mental Load besser zu managen, ist eine Aufgabe, die wir meistern können, wenn wir uns ihrer immer wieder bewusst werden und den Mental Load aktiv angehen. Die Frage ist nur, wo sollen wir nun anfangen?

Was auch immer du tust, beginne damit, kleine Veränderungen in deinem Alltag vorzunehmen, die dazu beitragen, den Mental Load zu reduzieren. Denn auch wenn es keine Mission Impossible ist, deinen Mental Load besser zu managen, sollte uns klar sein, dass es für diese komplexe Herausforderung keine schnelle Lösung gibt und erst recht keine Lösung, die für alle gleichermaßen gilt.

Für manche ist der erste Schritt, aus dem Survival-Modus auszusteigen und nachhaltige Routinen zu entwickeln, um ihre Energie effektiv zu verwalten. Kapitel 2, das sich mit verschiedenen Themen und Ideen befasst, kann für sie vielversprechend sein, um ihren Mental Load zu bewältigen. Andererseits können die Themen aus Kapitel 3 (Step in: Mehr Eigensinn entwickeln) für andere besonders aufschlussreich sein, da es darum geht, sich von überhöhten Erwartungen und gesellschaftlichen Rollenbildern zu befreien und eigene Maßstäbe zu setzen. Für wiederum andere könnte es im ersten Schritt erst einmal hilfreich sein, seine eigenen Überzeugungen zu hinterfragen und anzufangen, sich selbst und anderen mehr zuzutrauen, um den eigenen Mental Load anzugehen.

Ganz gleich, was wir als Erstes tun – step out, step in oder step aside –, das Wichtigste dabei ist, dass wir etwas tun. Damit gehen wir aktiv unsere täglichen Herausforderungen an und legen somit einen wichtigen Grundstein für die Bewältigung unseres Mental Loads. Step by step begeben wir uns so auf den Weg zu einer ausgewogeneren und erfüllteren Lebensweise.

Fast Reader

1. Was ist Mental (Over-)Load?

Mental Load bezeichnet die unsichtbare kognitive und emotionale Arbeit, die uns ständig in Aktivität hält und zu Überlastung führen kann.

- Mental Load ist weit verbreitet und keine Schwäche, unabhängig von Geschlecht, Alter, Beruf oder Familienstand.
- Es ist eine natürliche Reaktion auf die Anforderungen des modernen Lebens, die oft noch nicht optimal bewältigt werden.
- Erste mögliche Symptome für Mental Overload: Konzentrationsstörungen, Schlafprobleme, gesteigerte Vergesslichkeit und ständiges Ruminieren sind ernste Warnsignale. Auch der drängende Wunsch nach Entlastung kann auf zu hohen Mental Load hinweisen.
- Der Prozess Mental Load -> Mental Overload -> Burn-out entwickelt sich oft schleichend. Selbst zu erkennen, wo man aktuell steht, ist für viele nicht leicht.
- Professionelle Unterstützung sollte spätestens dann eingeholt werden, wenn das Gefühl besteht, dass der Mental Overload kaum noch bewältigbar ist oder bereits erste Anzeichen von depressivem Verhalten auftreten.

2. Step out: Der erste Schritt raus aus der Mental-Load-Falle

Wenn es zu viel wird, ist das ein klares Anzeichen dafür, dass die für die Bewältigung der Aufgaben benötigte Energie nicht mehr ausreichend zur Verfügung steht. Dann ist der erste nötige Schritt, den eigenen Energiehaushalt besser zu verstehen. Nur so gelingt es, aus der Überlastung auszubrechen und die Energie so weit aufzuladen, dass die Bewältigung der Herausforderungen zuversichtlich angegangen wird.

- Mithilfe der Energy-Map mit den Quadranten Performance, Survival, Burn-out und Recovery gelingt es, den eigenen Energiehaushalt besser zu verstehen.
- Wer sich überwiegend im Survival-Modus befindet, sollte Erholung (Recovery) priorisieren, um zu regenerieren.
- Eine gesunde Recovery-Praxis trägt dazu bei, wieder in die Performance-Zone zu gelangen – durch energetisierende Aktivitäten und entspannende Praktiken im Alltag,
- Eine persönliche Liste mit Recovery-Ideen sorgt für kurz-, mittel- und langfristige Entspannung.

3. Step in: Wie du nicht wieder in die Mental-Load-Falle tappst

Um zu vermeiden, wieder in die Mental-Load-Falle zu tappen, ist es entscheidend, mit Eigensinn Grenzen zu setzen und für die eigenen Wünsche, Belange und Bedürfnisse in Verhandlung mit anderen zu treten.

- Eigensinniges Handeln als Grundvoraussetzung zur Vermeidung von Überlastung ermöglicht es, persönliche Grenzen zu setzen und zu wahren.
- Fehlender Eigensinn führt dazu, sich den Erwartungen anderer anzupassen und eigene Grenzen zu überschreiten.
- Eigensinn ist kein Egoismus: Eigensinn bedeutet, authentisch zu leben und eigene Grenzen zu setzen. Egoismus bedeutet, eigene Belange über die Belange anderer zu stellen und sich durchsetzen zu wollen.
- Die Stärkung des Eigensinns, das Setzen von Grenzen und die gemeinsame Lösungsfindung mit unserem Gegenüber sind dafür zwingend nötig.

4. Step aside: Wie du noch mehr Gelassenheit entwickelst

Der bedeutsame Schlüssel zu nachhaltiger Gelassenheit ist die (erlernbare) Fähigkeit, einen Schritt zur Seite zu treten – step aside –, um unsere inneren Überzeugungen zu hinterfragen und an ihnen zu arbeiten.

- Das Überwinden hinderlicher Glaubenssätze führt zu einem positiveren Selbstbild und innerer Gelassenheit, stärkt das Selbstbewusstsein und führt zu mehr Selbstvertrauen.
- Durch das Entwickeln von mehr Zutrauen in die Fähigkeiten anderer entsteht eine optimistische Sichtweise auf sich selbst und andere.

- Das trägt zur Schaffung eines Umfeldes voller Vertrauen und zu persönlichem Wachstum bei, stärkt die Selbstwirksamkeit und fördert Eigenverantwortung.
- Ein „Coaching Habit“ bietet anderen Hilfe zur Selbsthilfe, unterstützt beim Klären von Gedanken und Zielen sowie bei der Lösungsfindung und verbessert die Beziehung zwischen den Gesprächspartnern. Dabei bleibt die Verantwortung für die Lösungsfindung beim Gegenüber.

Die Autorin

Dr. Maria Bergler, München, ist eine erfahrene Executive Beraterin und Coachin für Führungskräfte. Als Expertin für Personal- und Organisationsentwicklungs-Themen setzt sich die promovierte Pädagogin für Empowerment, Diversität und moderne Führungsansätze in der Arbeitswelt ein. Zuvor betreute Bergler bei McKinsey & Company Kunden aus verschiedenen Branchen, war Head of People & Culture bei einem Start-up und verantwortete später bei McKinsey die Personalentwicklung deutschlandweit für zwei Branchen. Zuletzt war sie dort europäische Personalleiterin für den Bereich Advanced Industries und wurde kürzlich als LinkedIn Top Voice Jobsuche & Karriere 2024 von der LinkedIn Redaktion DACH und als HR Top Voice 2023 von Personio ausgezeichnet.

Kontakt:
Dr. Maria Bergler Executive Coaching
E-Mail: info@maria-bergler.com
www.maria-bergler.com

Weiterführende Literatur

Barsh, Joanna & Lavoie, Johanne: Centered Leadership. Leading with Purpose, Clarity, and Impact. New York: Crown Publishing, 2014.

Bungay Stanier, Michael: The Coaching Habit. Say Less, Ask More & Change the Way You Lead Forever. Toronto: Box of Crayons Press, 2016.

Cammarata, Patricia: Raus aus der Mental Load Falle. Wie gerechte Arbeitsteilung in der Familie gelingt, 7. Auflage. Weinheim Basel: Beltz Verlag, 2023.

Fabritius, Friederike: Flow@Work. Gehirngerecht führen – die besten Leute gewinnen und halten. Frankfurt/New York: Campus Verlag, 2022.

Mohr, Tara: Playing Big. For Women Who Want to Speak Up, Stand Out and Lead. London: Arrow, 2015.

Nuber, Ursula: Eigensinn. Die starke Strategie gegen Burn-out und Depression – für ein selbstbestimmtes Leben. Frankfurt am Main: Fischer Verlag, 2016.

Loehr, Jim & Schwartz, Tony: The Power of Full Engagement. Managing Energy, Not Time, Is the Key to High Performance and Personal Renewal. New York: The Free Press, 2005.

Register